# INSTRUCTIONS FAMILIÈRES

## SUR

# L'HORTICULTURE

## Par C.-F. WILLERMOZ

DIRECTEUR-PROFESSEUR DE L'ÉCOLE D'HORTICULTURE PRATIQUE DU RHONE
SECRÉTAIRE GÉNÉRAL DE LA SOCIÉTÉ D'HORTICULTURE DU MÊME DÉPARTEMENT
MEMBRE TITULAIRE ET CORRESPONDANT DE PLUSIEURS SOCIÉTÉS
FRANÇAISES ET ÉTRANGÈRES D'HORTICULTURE ET D'AGRICULTURE.

## LYON

IMPRIMERIE ET LITHOGRAPHIE DE J. NIGON
rue Chalamont, 7.

—

1855

# A M. MENOUX

Président de la Société Impériale d'Horticulture du Rhône

## HOMMAGE D'AFFECTION, D'ESTIME ET DE RECONNAISSANCE

De son Confrère et Ami,

C.-Fortuné **WILLERMOZ.**

# INSTRUCTIONS FAMILIÈRES

SUR

# L'HORTICULTURE.

---

## PREMIÈRE PARTIE.

### Connaissances préliminaires.

#### DES MILIEUX DANS LESQUELS VIVENT LES VÉGÉTAUX.

D. Qu'entend-t-on par milieux? Combien en distigue-t-on de sortes dans lesquelles vivent les végétaux?

R. Les milieux dans lesquels vivent les végétaux sont des espaces de natures diverses. On en compte trois, savoir : le milieu *atmosphérique* ou l'air; le milieu *aqueux*, c'est-à-dire l'eau, et le milieu *terrestre* ou la terre.

### *Milieu atmosphérique.*

D. De quoi est formé l'air?

R. L'air est un corps transparent, invisible, pesant, formé du mélange de deux gaz, l'oxygène et l'azote, plus de quelques proportions d'acide carbonique, d'hydrogène et d'ammoniaque.

D. De quelle utilité sont tous ces gaz pour les végétaux?

R. 1° L'oxygène est indispensable à la vie des animaux

et des plantes ; combiné avec le carbone, il forme l'acide carbonique ; avec l'hydrogène, il constitue l'eau.

2° L'azote sert à tempérer l'action de l'oxygène et entre dans la composition des végétaux.

3° L'hydrogène s'introduit dans les végétaux tout combiné avec l'oxygène ; c'est à sa présence dans les végétaux qu'est due la formation des huiles, des résines, etc.

4° L'acide carbonique s'introduit avec l'eau dans les plantes ; il y est décomposé par l'action de la lumière et les forces vitales en oxygène qui se dégage de toutes les parties vertes, tandis que le carbone se fixe dans le tissu.

5° L'ammoniaque joue un grand rôle dans la culture des plantes ; c'est à lui que les engrais animaux doivent leur supériorité sur les engrais végétaux.

D. L'air ne change-t-il pas de nom suivant son état ?

R. Le vent n'est que l'air agité.

D. Combien distingue-t-on de vents principaux ?

R. On en distingue quatre : le sud ou midi ; le nord, vulgairement la bise ; l'est ou matin, et l'ouest ou couchant.

D. N'en connaissez-vous pas d'autres ?

R. On en compte encore quatre autres principaux : le nord-est, le nord-ouest, le sud-est et le sud-ouest.

D. N'y a-t-il pas quelques uns de ces vents qui annoncent la pluie, comme n'y en a-t-il pas aussi qui annoncent le beau temps ?

R. Le vent du midi, surtout lorsqu'il est fort, et le vent du nord-ouest amènent presque toujours la pluie ; le vent du nord-ouest annonce souvent en été des orages dangereux ; le nord et le nord-est sont le présage de beau temps.

D. Qu'est-ce que la lumière, le calorique et l'électricité, et quelle est leur influence en horticulture ?

R. La lumière nous vient du soleil et des corps qui brûlent dans l'air ; elle active les fonctions vitales des plantes; sans elle les végétaux blanchissent (s'étiolent) et cessent bientôt d'exister.

Le calorique est l'agent qui produit en nous la sensation de la chaleur ou du froid; il agit puissamment sur les plantes et sur le sol.

L'électricité est un fluide qui se développe par le frottement de plusieurs corps; d'après plusieurs expériences, tout porte à croire qu'il joue un grand rôle dans la vie des végétaux.

D. Comment nomme-t-on l'instrument qui sert à apprécier le calorique? Cet instrument est-il nécessaire en horticulture?

R. Cet instrument s'appelle thermomètre; il est indispensable dans les serres, parce qu'il sert à les tempérer suivant le besoin.

D. La lumière est-elle plus utile aux végétaux que la chaleur?

R. Une plante privée de lumière ne tarde pas à blanchir; insensiblement elle s'éteint et succombe; la même plante, exposée à la lumière, peut supporter plusieurs dégrés de froid sans périr. Une plante des Alpes reçoit une grande somme de lumière et supporte une tempéra ture très basse; si on la transporte dans la plaine, où la lumière est moins vive, elle languit; cependant la température est plus élevée dans la plaine que sur la montagne.

D. N'y a-t-il pas des végétaux qui périssent lorsqu'on les prive d'une partie de la chaleur à laq uelle ils son habitués?

R. Les plantes venant des pays chauds se trouvent dans ce cas. Exposées à une température élevée et un peut sombre, elles vivent; mais exposées à une température basse, quoique très éclairée, elles périssent.

*Milieu aqueux.*

D. Qu'est-ce que l'eau? Sous quelle forme l'observe-t-on? Quelle est son utilité?

R. L'eau est un corps composé d'un volume d'oxygène et de deux d'hydrogène; elle est répartie en grandes masses sous diverses formes, soit à l'état de vapeur, de nuages, de rosée, de pluie, de glace et de neige; elle tient en dissolution des matières animales, végétales ou salines; elle est l'un des grands agents de la végétation, car, sans sa présence, aucune graine ne germerait et aucune plante ne végéterait.

*Milieu terrestre.*

D. Qu'est-ce que la terre?

R. La terre est un globe sphéroïdal composé de couches de natures diverses qui diminuent de densité à mesure qu'on approche de la surface.

D. Combien existe-t-il de terrains ou sols principaux?

R. Trois : le terrain calcaire, le terrain argileux et le terrain siliceux ou sablonneux.

D. Comment reconnait-on le terrain calcaire?

R. La terre calcaire est ordinairement de couleur blanchâtre; elle bouillonne en versant dessus du vinaigre ou tout autre acide.

D. Existe-t-il beaucoup de terrains calcaires?

R. Le sol calcaire est l'un des plus étendus, la pierre à chaux étant très abondante.

D. Le terrain calcaire est-il favorable à la végétation?

R. La terre calcaire seule s'échauffe difficilement au soleil, attendu sa couleur blanchâtre; elle absorbe l'humidité avec rapidité, mais l'abandonne avec autant de promptitude; ainsi, dans ce cas, elle est peu favorable à la végétation; mais, mélangée en justes proportions avec l'argile et le sable, elle forme au contraire un sol de première nature.

D. Comment peut-on distinguer le terrain argileux du terrain calcaire?

R. L'argile ne fait pas effervescence avec les acides : elle est très compacte, imperméable à l'eau et à l'air; humide, elle devient pâteuse; desséchée, elle se crevasse et acquiert une dureté extraordinaire.

D. De quelle utilité est l'argile dans les arts et en horticulture?

R. Dans les arts, l'argile sert à la confection des briques, tuiles et poteries; on s'en sert en horticulture pour composer l'onguent de Saint-Fiacre, employé pour cautériser les plaies des arbres.

D. Cette terre est-elle favorable à la végétation?

R. Seule, elle ne peut pas l'être; au contraire, elle est très nuisible; mais, combinée au calcaire et au sable, elle devient très favorable aux végétaux.

D. Comment reconnaît-on le terrain siliceux? Quels avantages offre-t-il?

R. La silice ou sable est très friable, très perméable à l'humidité et à l'air; elle s'échauffe promptement; il en résulte que les sols où le sable domine sont toujours exposés aux sécheresses; mélangée à l'argile, le sable la divise et la rend perméable à l'humidité et à l'air; seul le sol sablonneux est le plus contraire à la végétation.

D. Comment désigne-t-on le sol quand une de ces trois terres domine par sa qualité?

R. Si le calcaire est plus abondant que le sable, et que celui-ci le soit plus que l'argile, on le nomme calcairo-sablo-argileux; ainsi, la terminaison du nom en *o* désigne la plus grande proportion, la terminaison en *eux* désigne la plus faible.

D. Ne reconnaît-on pas encore une autre espèce de sol?

R. On rencontre encore le sol humifère ou tourbeux.

D. Ce sol se divise-t-il? et comment l'utilise-t-on en horticulture?

R. Le sol humifère se divise en humus pur ou tourbe et en humus sableux ou terre de bruyère. L'humus pur ou tourbe, contenant à peine d'autres substances que l'humus, n'est employé que pour la culture du *rhododendrum ponticum*; l'humus sableux ou terre de bruyère est très recherché pour les semis et la culture d'une infinité de plantes de serre. Ce sol est considéré en horticulture comme terreau.

D. Quel est le sol le plus généralement favorable à la végétation?

R. C'est le sol sablo-argilo-calcaire.

D. Ne rencontre-t-on pas des sols où il existe du fer? Ces sols sont-ils favorables à la végétation?

R. Les terres colorées de rouge annoncent la présence du fer; lorsque celui-ci est peu abondant, son influence sur les végétaux n'est pas dangereuse; mais il devient funeste s'il se trouve en trop grande quantité. Ainsi, un sol sablo-argilo-ferrugineux est des plus stériles; il devient fertile si on lui ajoute du calcaire en grande proportion, mais il n'est jamais que de troisième et quatrième nature.

### TERRE NORMALE OU FRANCHE.

D. Qu'entend-t-on par terre normale ou terre franche?

R. La terre normale ou franche est une terre douce et friable, composée en grande partie d'argile fine et sableuse, et dans laquelle on rencontre de petites proportions de carbonate de chaux à l'état pulvérulent et pierreux, de débris ligneux, d'humus et de sable siliceux.

D. Quelle est l'utilité de cette terre en horticulture?

R. Elle sert à la confection des composts.

### TERREAU, TERRE LÉGÈRE, TERRE DE JARDIN.

D. Vous avez dit que le sol humifère, tel que la tourbe et la terre de bruyère, était regardé en horticulture comme terreau; mais l'horticulteur ne compose-t-il pas d'autres terreaux très favorables aux végétaux?

R. L'horticulteur soigneux, habile et intelligent, ne laisse rien perdre; il a soin de réunir les débris des plantes qu'il destine au marché aux mauvaises herbes qui envahissent ses cultures et les allées de son jardin; il tâche de se procurer des animaux morts ou leurs débris, et de toutes ces parties il ne fait qu'un tout qu'il mélange soigneusement avec de la terre. Toutes ces matières réunies, qu'il arrose parfois avec du fond de fumier ou avec d'autres liquides analogues, se décomposent par l'action de l'air, et forment un terreau précieux pour les végétaux qu'il cultive.

D. On parle souvent de terre légère et de terre de jardin; dites-nous ce que vous pensez de ces sortes de terres.

R. La terre argilo-sablonneuse est une terre légère; mais on en compose une autre pour les plantes de serre. Cette composition se fait de deux manières, suivant l'organisation des plantes qu'on cultive; ainsi, le mélange de moitié de terre franche, d'un quart de terre de bruyère et d'un quart de terreau de fumier forme une terre légère, favorable à la culture des plantes de serre dont les racines sont fortes et les tiges grosses et élevées, comme celui d'un quart ou d'un tiers de terre franche et de trois quarts ou de deux tiers de terre de bruyère en forme une très bonne pour les plantes dont les racines sont fines, les tiges minces et peu élevées.

Quant à la terre de jardin, elle peut être une de celles que nous venons de passer en revue, mais dont la nature se trouve modifiée par les cultures journalières, par des labours fréquents et par l'addition continuelle de fumiers, d'engrais et de terreaux.

## AMENDEMENTS.

D. Comment nommez-vous l'opération qui a pour but

de mélanger une terre avec une autre de nature différente? et quelle est l'époque la plus favorable pour la
faire?

R. Cette opération se nomme amendement; l'époque
la plus favorable pour le faire est le printemps, si on a
eu soin d'exposer la terre forte à l'action de la gelée pendant l'hiver; différemment, on le fait à l'automne et on
l'expose aux rigueurs de l'hiver suivant.

### DU SOUS-SOL.

D. Qu'entendez-vous par le mot sous-sol?

R. Le sous-sol est une couche de terre qui occupe une
place plus ou moins profonde et qui est d'une nature différente de celle qui le recouvre.

D. De quelle utilité sont les sous-sols?

R. Les sous-sols sont utiles ou dangereux suivant la
nature du sol qui les recouvre. Ainsi, admettons qu'un sol
argilo-siliceux repose sur un sous-sol argileux, il arri-
vera que l'eau retenue à la surface du sous-sol s'élévera
dans le sol, le rendra boueux et d'une culture difficile,
ce qui n'arriverait pas si le sous-sol était sableux.

D. Que faut-il faire pour corriger un sous-sol de cette
nature?

R. On défonce le sous-sol assez profondément ou on
pratique un drainage; par ces moyens l'eau descend à la
profondeur du sous-sol défoncé ou se jette dans les
drains pour aller se perdre à une certaine distance.

### DES LABOURS OU BÊCHAGES.

D. Pourquoi bêche-t-on le sol?

R. Pour plusieurs raisons : d'abord pour le diviser,
afin qu'il puisse se laisser facilement pénétrer par les
corps utiles à la végétation; ensuite pour le mélanger
avec les engrais, les sels, etc., qui doivent favoriser cette
végétation.

D. Doit-on bêcher souvent ?

R. Plus on remue la terre , plus on la rend fertile : c'est la conséquence de ce que nous venons de dire.

D. Doit-on bêcher profondément ?

R. La profondeur du béchage doit être en raison de la nature du sol et du sous-sol. Ainsi, supposons qu'un sol soit léger et que le sous-sol le soit encore davantage : dans cette circonstance , il faut bêcher de manière à ne pas atteindre le sous-sol ; mais on agit tout différemment si le sol est léger et le sous-sol argileux , car, dans cette circonstance, on fait un amendement favorable.

D. Comment se fait le défoncement ? Quelle doit être sa profondeur ?

R. Le défoncement n'est qu'un labour très profond ; comme pour le labour la profondeur du défoncement est en rapport avec la qualité du sol et du sous-sol. Cette opération a pour but de ramener à la surface la terre inférieure et de placer inférieurement la terre supérieure.

### DES ENGRAIS.

D. Qu'entend-t-on par engrais ? Quelle différence fait-on de ceux-ci avec les fumiers ?

R. On entend par engrais les corps qui , par leur décomposition, fournissent au sol des matières propres à la nutrition des végétaux ; on désigne sous le nom générique de fumier les pailles qui servent de litière dans les écuries, et qui , mélangées aux excréments et aux urines des animaux , subissent par la fermentation un degré plus ou moins avancé de décomposition.

D. Quels sont les fumiers que l'on emploie le plus ordinairement ?

R. Ce sont les fumiers d'écurie.

D. Les fumiers d'écurie ont-ils tous la même propriété ?

R. Les propriétés des fumiers d'écurie varient suivant l'espèce d'animaux qui ont concouru à leur formation, suivant le genre de nourriture qu'on leur donne, suivant les matières qui leur servent de litière, et enfin suivant les soins qu'on donne à ces fumiers.

D. Les fumiers doivent-ils être employés frais ou très décomposés?

R. L'expérience a prouvé d'une manière évidente que le fumier frais procure au sol une grande et longue fertilité, tandis que celle que procure le fumier très décomposé est de courte durée. Il est d'ailleurs très reconnu qu'un fumier trop décomposé a perdu presque tous les principes fertilisants qu'il contenait.

D. Les fumiers frais et les fumiers décomposés conviennent-ils également à tous les sols?

R. Les fumiers frais des chevaux conviennent aux terres fortes, froides et humides, tandis que les fumiers décomposés et ceux de vache conviennent aux terrains poreux, secs et légers.

D. N'y a-t-il pas des fumiers plus actifs que ceux qu'on retire des écuries des chevaux et des bœufs?

R. Il y en a plusieurs; ceux qui tiennent la première place sont : la colombine, le fumier de mouton, de chèvre et de lapin.

D. Quels sont les soins qu'on doit prendre de tous ces engrais?

R. Les soins à prendre sont plus nombreux qu'on le pense; mais nous n'indiquerons que les plus indispensables : 1° mélanger parfaitement les pailles avec les matières fécales en montant les meules; 2° si on ne peut pas abriter les meules sous des hangars, il faut les monter de manière à ce que les grandes pailles retombent extérieurement sur les bords et empêchent la pluie de pénétrer à l'intérieur; 3° les monter en dos d'âne ou en pyramide, afin qu'elles présentent une moindre surface à l'eau; 4° avoir près d'elles un trou cimenté dans lequel va se jeter le vivier ou purin qui s'en échappe.

D. Connaissez-vous d'autres matières qui servent à fertiliser le sol?

R. La gadoue, la poudrette, le guano, le noir animalisé, les chiffons de laine, les débris des animaux et une multitude d'autres matières peuvent fertiliser le sol; il en est de même de plusieurs sels, acides et alcalis.

## DES COMPOSTS.

D. Qu'entend-t-on par composts, et quelle est leur utilité en horticulture?

R. Les composts sont le mélange de plusieurs espèces d'engrais, avec ou sans l'addition de matières terreuses. Les composts sont utiles en horticulture, soit comme engrais-amendements, soit comme terreau propre à la culture de certaines plantes. Les fumiers de rue sont des composts et surtout de très bons engrais.

D. Si vous aviez un jardin formé d'une terre argileuse et compacte, comment feriez-vous vos composts pour engrais et amendements?

R. On fait une première couche de plâtre ou morceaux de plâtras de démolition; on la couvre de fumier de litière de cheval ou de mouton; cette seconde couche est recouverte à son tour avec des balayures des cours, des chemins, de limon vaseux de rivière, de fossé et de mare, de matières fécales ramassées autour de l'habitation, de débris de foin ou de paille, des mauvaises herbes provenant de sarclages ou de râclages d'allées, etc.; ces trois couches sont recouvertes du même fumier de litière de cheval. La fermentation s'établit dans les couches de fumier; le jus qui en découle se mêle avec les matières des couches; on arrose le tas avec le purin qui en découle, et lorsqu'on reconnaît que la décomposition est avancée, on démonte les couches, on mélange toutes les substances qui les composent et on les porte sur le sol.

D. Si le sol est léger, poreux ou calcaire, vous serviriez-vous du même compost, ou le composeriez-vous avec les mêmes matières?

R. Dans ce cas, il conviendrait de former le compost avec des matières argileuses, compactes, et du fumier froid, comme des marnes grasses, du limon de mare, des fumiers de bêtes à cornes. Il convient surtout de pousser la fermentation jusqu'à ce que ces matières soient plus complètement décomposées.

D. N'est-il pas à propos de se servir d'engrais liquides pour former des composts?

R. On emploie avec grand avantage les urines, le purin, les eaux grasses, les eaux de savon en un mot, toutes celles qui sont chargées ou de matières salines ou de matières animalisées.

### DES ASSOLEMENTS.

D. Qu'entendez-vous par assolement?

R. On entend par assolement une succession continue du cultures qui se nuisent le moins, ou qui sont favorables les unes aux autres.

D. Pourquoi fait-on les assolements?

R. Afin de tirer du terrain le plus de produits avec le moins de frais.

D. Peut-on faire deux ou trois récoltes successives de la même plante dans le même sol?

R. L'expérience a démontré qu'une plante d'une espèce ne végète que faiblement lorsqu'elle prend la place d'une autre de même espèce, ainsi le chou ne doit pas remplacer le chou, la betterave ne doit pas succéder à la betterave, la pomme de terre à la pomme de terre, etc.

## DES ARROSEMENTS.

D. Les arrosements sont-ils d'une grande nécessité ?

R. L'eau étant un des principaux agents de la végétation, il est de toute nécessité d'en procurer au sol lorsque la nature n'y pourvoit pas d'une manière suffisante. C'est pendant la belle saison que cette nécessité se fait le mieux sentir.

D. Quels sont les effets de la sécheresse sur la terre et les végétaux ?

R. Les effets d'une sécheresse prolongée sont très funestes. La terre s'échauffe tellement, que bientôt elle perd toute son humidité ; alors les végétaux se flétrissent, se dessèchent et meurent.

D. A quel moment de la journée est-il convenable d'arroser ?

R. Les rayons du soleil, au printemps et en automne , n'étant pas trop ardents, et les nuits étant encore fraîches, il convient d'arroser le matin ; lorsque la température s'élève , on arrose le soir.

D. Qu'arriverait-il si on faisait le contraire ?

R. En été, l'eau serait trop promptement évaporée si on arrosait le matin. L'humidité , jointe à la basse température des nuits de printemps et d'automne , nuirait aux plantes.

D. La température de l'eau influe-t-elle sur la végétation ?

R. La température de l'eau influe beaucoup sur les plantes ; ainsi, dans les serres, on ne doit jamais arroser les plantes avec une eau trop froide ; pour les plantes de pleine terre , on puise l'eau dans des bassins exposés aux rayons du soleil.

D. Quelle est la meilleure eau pour arroser ?

R. L'eau peut servir seule aux arrosements ; mais, si elle contient quelques matières animales ou végétales en dissolution ou en suspension, elle est beaucoup plus fertilisante. L'eau de pluie et celle des réservoirs exposés au soleil est préférable à celle des sources et des puits; la première est aérée, la seconde l'est à peine.

D. Doit-on arroser très abondamment à la fois?

R. Par des arrosages prompts et copieux, l'eau n'a pas le temps de pénétrer le sol; mais si on arrose à plusieurs reprises et à de courts intervalles, l'eau pénètre profondément jusqu'aux extrémités des racines.

D. Quelles sont les suites d'un arrosement superficiel?

R. En arrosant superficiellement, l'eau s'évapore très vite et augmente encore l'évaporation des couches inférieures de la terre.

D. De quels instruments se sert-on pour arroser, et comment doivent être faits ces instruments?

R. On se sert de plusieurs instruments; les plus communément employés sont ceux qu'on nomme arrosoirs; ils doivent être de différente grandeur, suivant leur emploi, et munis de grilles percées de trous plus ou moins grands. Ainsi, pour les grosses plantes, on se sert de grands arrosoirs munis de grilles à trous d'un millimètre de diamètre; pour les petites plantes et les semis, on se sert de petits arrosoirs dont les grilles sont percées de très petits trous. Outre les arrosoirs, on se sert encore de pompes portatives et de seringues, mais c'est principalement pour les bassinages.

D. Quelle différence faites-vous d'un arrosement et d'un bassinage?

R. Le bassinage a pour objet : 1° d'humecter les feuilles des plantes réunies dans les serres et celles de quelques arbres de pleine terre; 2° de maintenir une légère humidité dans une terre à laquelle on a confié des graines fines ou des plantes délicates.

D. Pour quelles causes bassine-t-on certains végétaux?

R. Par une température chaude et sèche, l'absorption

n'étant plus en équilibre avec l'évaporation, il arrive que des végétaux se trouvent paralysés. Pour remédier à ces accidents, on applique les bassinages de bon matin ou à la fin de la journée; on bassine aussi les feuilles pour enlever la poussière qui les couvre et qui bouche les pores, ce qui nuit à la végétation.

D. Les eaux qui tiennent en dissolution ou en suspension des matières grasses, salées, ou des fécules, peuvent-elles servir aux bassinages?

R. Toutes ces matières boucheraient les pores des feuilles, et les plantes seraient bientôt asphyxiées.

DES PAILLIS.

D. Qu'entend-on par paillis, et quelle est leur utilité?

R. Le paillis se fait au moyen de paille brisée à laquelle on fait prendre une couleur brune par le contact prolongé avec le purin; cette paille, ainsi préparée, se répand à la surface du terrain auquel on a confié des graines ou des jeunes plantes, et a pour but d'empêcher l'évaporation de l'humidité et d'atténuer la force de l'eau qui s'échappe de la grille de l'arrosoir.

D. N'y a-t-il pas des végétaux qui réclament le paillis?

R. Quelques arbres plantés à une exposition chaude, comme par exemple le pêcher, se trouvent bien d'un paillis. Dans cette circonstance, on se sert d'un fumier court que l'on répand largement sur toute la longueur de l'espalier; les arrosages dissolvent les matières solubles; celles-ci s'introduisent dans le sol et pénètrent jusqu'aux racines.

# DEUXIÈME PARTIE.

### Des opérations fondamentales sur lesquelles repose l'ensemble des travaux horticoles.

D. Combien compte-t-on d'opérations fondamentales sur lesquelles repose l'ensemble des travaux horticoles ?

R. On en compte quatre : la *récolte des graines*, la *conservation*, le *semis* et le *germination*.

D. Qu'est-ce qu'une graine ?

R. La semence ou graine est cette partie du fruit qui renferme les rudiments d'une nouvelle plante et qui doit produire une espèce semblable à celle qui lui a donné naissance.

D. De quoi se compose la graine ?

R. La graine est composée de deux parties : l'épisperme et l'amande. L'épisperme recouvre ou enveloppe l'amande ; celle-ci est formée par l'embryon, qui est l'image, en petit, de la plante à naître ; c'est cet embryon qui, placé dans des circonstances favorables, donne un végétal parfait.

D. Cet embryon qui doit devenir une plante, de quoi est-il composé ?

R. L'embryon est composé de quatre parties : 1° la radicule, 2° les cotylédons, 3° la plumule ou gemmule, et 4° la tigelle.

D. Tous les végétaux naissent-ils avec un ou plusieurs cotylédons ?

R. Les uns naissent avec un seul cotylédon, les autres avec deux, et enfin quelques uns avec plus de deux.

D. Cette différence de nombres de cotylédons ne constitue-t-elle pas des classes distinctes dans les végétaux ?

R. C'est sur l'existence de cet organe qu'on a fait les

deux grandes classes des monocotylédonées ou un seul cotylédon, et des dicotylédonées ou deux cotylédons. Les plantes qui naissent avec plus de deux cotylédons se nomment polycotylédonées, et celles qui naissent sans cotylédons s'appellent acotylédonées.

D. Toutes les graines conservent-elles leur faculté germinative le même espace de temps?

R. Il y a des graines qui conservent leur faculté germinative plusieurs années, comme il y en a d'autres qui la perdent quelques jours après la récolte.

D. Toutes les graines doivent-elles être semées dans le même sol, à la même profondeur et à la même température?

R. Les graines exigent des sols, des profondeurs et des températures particulières, en raison de leur consistance, de leur volume et des espèces auxquelles elles appartiennent. Ainsi, une grosse graine appartenant à une espèce indigène demande à être placée à cinq ou six centimètres de profondeur dans une bonne terre franche; dans cette condition, elle germera sans une chaleur artificielle; tandis qu'une graine de même grosseur, mais appartenant à une espèce végétante dans un pays chaud, ne germerait pas si on l'augmentait l'état de la température par une chaleur artificielle.

### DE LA RÉCOLTE.

D. Qu'est-ce que la récolte?

R. La récolte est une opération qui a pour but la cueillette des fruits arrivés au point de maturité et par conséquent des graines.

D. A quelle époque doit se faire la récolte?

R. Sous notre climat, cette opération a lieu dans toutes les saisons, c'est-à-dire de janvier en décembre.

D. Quelles sont les principes qui doivent être observés lors de la récolte?

R. En premier lieu, il faut qu'un récolteur connaisse ce que c'est qu'un fruit ; car la récolte dépend souvent de telle ou telle modification de cette partie de la plante.

D. Comment divise-t-on les fruits ?

R. On divise les fruits en trois classes : 1° fruits simples, 2° fruits multiples, 3° fruits composés ou agrégés. Les fruits simples se subdivisent en fruits secs qui ne s'ouvrent pas (*indéhiscents*), en fruits secs qui s'ouvrent (*déhiscents*) et en fruits charnus.

D. Donnez quelques exemples de fruits simples ?

R. Le grain de blé, les graines des composées, comme le soleil, la reine-marguerite ; celles des ombellacées, comme les carottes, le céleri, le persil, sont des fruits secs et indéhiscents, c'est-à-dire qui ne s'ouvrent pas. On les nomme vulgairement graines, mais c'est à tort. La follicule des asclépias, la silique des choux, des giroflées, la gousse du pois et du haricot, la capsule des campanules sont des fruits secs et déhiscents, c'est-à-dire qui s'ouvrent ; le drupe de la pêche, de la cerise, la baie des raisins, des tomates, la péponide comme dans les melons, la noix de l'amandier, du noyer, sont des fruits charnus.

D. Les fruits multiples se subdivisent-ils comme les fruits simples ?

R. Les fruits multiples ne se subdivisent pas comme les précédents ; ils offrent seulement deux modifications qui résultent de la réunion de plusieurs pistils dans une même fleur : comme la syncarpe dans le magnolia, et la mélonide dans la poire, la pomme.

D. Les fruits composés se subdivisent-ils ?

R. Cette classe, comme la précédente, ne se subdivise pas ; seulement on remarque trois modifications : le cône dans les pins, sapins ; la sorose, comme dans le mûrier, l'ananas, et la sycone, comme dans le figuier. Tous ces fruits sont formés d'un nombre plus ou moins considérable de petits fruits réunis ou soudés ensemble.

D. Comment reconnaissez-vous qu'une graine est arrivée à son point de maturité?

R. On reconnaît qu'une graine est arrivée à son point de maturité à l'ouverture du fruit et à sa désarticulation de dessus la plante, ou à sa chute.

D. Comment se fait l'opération de la récolte? S'effectue-t-elle de la même manière sur tous les végétaux en général?

R. Lorsqu'on s'aperçoit de la maturité des fruits des plantes herbacées, il faut couper les rameaux avec un instrument tranchant, sans détacher les fruits de ces mêmes rameaux. On commence par les inférieurs, parce que c'est sur eux qu'on trouve les fruits les plus avancés. Comme les fruits de certaines plantes ne mûrissent que rarement ensemble, il ne faut pas attendre la maturité de tous, car on s'exposerait à perdre la meilleure partie de la récolte. Dans cette circonstance, on coupe, dans l'intervalle de quelques jours, alternativement tous les rameaux ; de cette manière, la sève en circulation n'en continuera pas moins sa route, et les graines qui n'étaient pas encore mûres au moment de la coupe des rameaux, se trouvent dans un état parfait de maturité après l'entier desséchement de la plante.

D. Dans le cas où les plantes sont ligneuses, comment opère-t-on?

R. Lorsque les plantes sont ligneuses et qu'on ne peut pas opérer pour la section des rameaux, il faut, si les fruits sont gros, les laisser tomber naturellement et les ramasser à mesure que leur chute a lieu. Si les fruits sont petits et qu'on ait la crainte d'en perdre, il faut en opérer la désarticulation.

## DU DESSÉCHEMENT.

D. Quelle est l'opération qui suit la récolte des graines?

R. Une fois la récolte de la graine terminée, on passe à son desséchement.

D. Comment procédez-vous au desséchement des graines pendant toute la saison ?

R. Lorsque les graines sont récoltées dans la belle saison, la chose est facile : on les expose dans un lieu sec et aéré ; mais quand les pluies de l'automne arrivent et que l'air est saturé d'humidité, alors il faut employer un moyen artificiel, lequel consiste en un séchoir dont la température ne doit pas monter à plus de 20 à 25 degrés centigrades ; on renouvelle l'air de deux heures en deux heures, en établissant un courant qui traverse le séchoir, et on a le soin de remuer les graines deux ou trois fois par jour, de manière à ce que la fermentation ne puisse s'y établir.

### DE L'ÉPURATION.

D. Une fois la graine séchée, que fait-on ?

R. On l'épure, c'est-à-dire qu'on la débarrasse de tout ce qui l'accompagne ; à cet effet, on la froisse avec force dans la paume de la main ou de toute autre manière, avec le soin de ne pas la briser. Quand une fois les graines sont à nu, on jette le tout dans un van, puis on vanne.

D. Cette opération est-elle absolument nécessaire ?

R. Certainement, car les parties qui accompagnent la graine absorberaient trop d'humidité, la communiqueraient à la graine, ce qui détruirait sa faculté germinative. Cependant il y a des cas où l'on ne sépare pas la graine de son fruit, parce que son aggrégation ou union est interne. Les graminées, les composées, les ombellacées se trouvent dans ce cas.

D. N'y a-t-il pas d'autres circonstances où il vaut mieux laisser la graine dans le fruit jusqu'à l'époque du semis ?

R. Il est reconnu que plus une graine est privée du

contact de l'air, plus de temps elle conserve sa faculté germinative. Le fruit dont elle est enveloppée atteint ce but.

## EMMAGASINAGE.

D. Une fois la graine récoltée, desséchée, et épurée, ne reste-t-il pas une autre opération à faire pour la conserver ?

R. Il ne reste plus qu'a l'emmagasiner.

D. Cette opération exige-t-elle beaucoup de soins ?

R. L'emmagasinage exige beaucoup de soins, d'attention et de vigilance, car la graine ayant de grandes qualités hygrométriques, elle doit être à l'abri de l'air, de l'humidité, de la chaleur et du froid.

D. Quelle est l'influence la plus fâcheuse qui puisse atteindre une graine ?

R. C'est celle de l'air.

D. Comment l'air peut-il altérer une graine ?

R. L'air charrie avec lui l'humidité, la chaleur ; or, on sait que l'humidité, en pénétrant dans les tissus de la graine, prépare les cotylédons à l'acte de la germination ; mais comme celle-ci ne se trouve pas dans toutes les conditions nécessaires à son développement, elle ne tarde pas à perdre ses facultés germinatives.

D. Les influences de la chaleur sont-elles aussi dangereuses que celles de l'humidité ?

R. La chaleur, jointe à l'humidité, accélère le développement de l'embryon, et, par conséquent, ne tarde pas à le tuer ; quand la chaleur est seule, elle évapore les sucs de la graine et lui enlève toutes ses facultés végétatives.

D. Le froid altère-t-il également la graine ?

R. Une graine privée d'humidité ne craint nullement le froid le plus vif ; mais dès que l'humidité règne, le froid fait passer toutes les parties aqueuses à l'état de glace,

il en résulte que l'embryon est détruit, et par conséquent la graine perdue.

D. Comment emmagasine-t-on les graines ?

R. La meilleure méthode est celle qu'emploient les
marchands grainiers ; elle consiste à les loger d'abord
dans de petits sachets de papier collé et à les placer dans
des tiroirs peu spacieux. Ces tiroirs occupent des cases
couronnées d'une planche au dessus de laquelle on place
des morceaux de chaux qui absorbent l'humidité. Cette
chaux est remplacée par d'autre à mesure qu'elle se délite.

D. Comment peut-on reconnaître une bonne graine
d'avec une mauvaise ?

R. La chose est assez difficile, et toutes les expériences
qui ont été faites à ce sujet n'ont donné aucun résultat
concluant ; ainsi l'épreuve de l'eau, par laquelle soit
disant les bonnes graines vont au fond et les mauvaises
surnagent, est absolument à rejeter. On n'est pas plus
assuré de la bonté de la graine quand on la coupe dans
son milieu pour vérifier si elle est bien pleine.

D. Mais n'a-t-on pas trouvé le moyen de reconnaître
approximativement la quantité de bonnes graines contenues dans un paquet, en admettant que ces graines soient
petites ou moyennes ?

R. On a inventé à cet effet un flotteur.

D. Comment construisez-vous le flotteur ?

R. On coupe une tranche mince de liége, de sept à
huit centimètres de diamètre ; on lui ajoute d'un côté des
morceaux de carton ou de drap en quantité suffisante pour
que, placé dans un vase rempli d'eau, la partie du liége
restée nue puisse être juste au niveau de la surface de
l'eau ; on pèse une quantité de graines qu'on place sur le
flotteur, on les recouvre légèrement de mousse hâchée,
puis on expose le vase à une température convenable.
Bientôt la germination a lieu et on peut juger de la quantité de graines qui sont bonnes par celles qui ont germé.

D. Pensez-vous que ce procédé est infaillible ?

R. Ce procédé peut induire en erreur pour beaucoup de graines. Ainsi on voit souvent des graines confiées à la terre germer très inégalement, quelques unes germent promptement, quelques autres demeurent à germer six mois, un an et même plus.

### DE LA GERMINATION.

D. Qu'entend-on par germination ?

R. La germination est l'acte par lequel passe la graine pour donner naissance à une plante parfaite. Cet acte présente trois temps : le premier est le gonflement de la graine ; le second, le déchirement des parties qui enveloppent le germe, et le troisième l'évolution végétante.

D. Quels sont les agents indispensables à la germination ?

R. Ces agents sont l'air, l'eau et la chaleur ; sans la présence de ces trois corps réunis, il n'y a ni germination, ni végétation possible en effet. L'air favorise le déplacement des fluides en s'introduisant dans les vaisseaux et les utricules ; il enlève en même temps, par l'oxygène qu'il contient, une portion de carbonne à la jeune plante. L'eau favorise la rupture de l'enveloppe séminale, gonfle l'amande et sert de dissolvant et de véhicule aux aliments de la jeune plante. La chaleur développe les forces vitales ; elle agit comme stimulant : donc ces trois agents sont indispensables à la germination.

D. L'obscurité et la lumière influent-elles sur la germination ?

R. L'obscurité et la lumière n'influent en rien sur la germination, et pour preuve c'est la germination spontanée qui a lieu journellement sur toute la surface du globe. Qu'une graine tombe d'une plante à la surface du sol, elle germe ; qu'elle se trouve recouverte et par conséquent dans l'ombre, elle germe également.

D. L'électricité ne joue-t-elle pas un grand rôle dans la germination ?

R. D'après plusieurs expériences , il paraîtrait que l'électricité exerce une influence marquée sur la germination. M. Bekestener, propriétaire à Roche-Cardon, obtient, au moyen du fluide électrique , les résultats les plus favorables , soit sur la germination , soit sur la végétation.

DU SEMIS.

D. Quel est le but du semis ?

R. Le semis a pour objet la multiplication de tous les végétaux à l'aide de la graine.

D. A quelle époque se font les semis ?

R. Ils se font dans toutes les saisons. Cependant le printemps et l'automne semblent plus propices à cette opération que toute autre époque.

D. Quel est le mode à suivre pour arriver à d'heureux résultats ?

R. Le mode le plus favorable est d'imiter la nature qui ne se trompe pas dans ses lois. Ainsi, le semeur doit placer la graine dans un milieu convenable à son développement.

D. Quelle est la première connaissance que réclame l'opération du semis ?

R. C'est celle de connaître parfaitement la nature du terrain. Ainsi, par exemple , telle famille se plaît dans un terrain, il faut donc , par l'art, imiter ce terrain ; car si on plaçait dans une terre légère une plante qui a besoin d'une forte nourriture, on ne tarderait pas à la voir périr ; il en serait de même pour la plante qui ne réclame qu'une nourriture légère et qu'on mettrait dans une terre forte.

D. En ce cas , ne serait-il pas convenable que MM. les Horticulteurs possédassent quelques connaissances de géographie botanique ?

R. Certainement, car, pour bien semer, quelques connaissances de cette science ne seraient pas inutiles.

D. Comment divise-t-on les graines?

R. En trois sections : 1° les grosses graines, 2° les graines moyennes, fines et très fines, et 3° les graines à noyau.

D. Comment sème-t-on les grosses graines?

R. Les grosses graines se sèment assez profondément, et la quantité de terre qui les couvre doit augmenter en raison de leur volume.

D. Les graines fines se sèment-elles de la même manière?

R. Les graines fines, au contraire, ne se couvrent presque pas; il vaut mieux, lorsque leur germination est prompte, les semer sans les couvrir, et se contenter de presser légèrement la terre avec une petite planchette ou le revers de la main.

D. Comment procède-t-on pour les graines à noyau?

R. Les graines à noyau doivent toujours être enfouies un peu profondément, attendu qu'elles séjournent assez longtemps en terre avant de germer, et que les arrosements et les sarclages leur enlèvent journellement une certaine quantité de terre, si bien que, lors de la germination, elles se trouvent à découvert.

D. Quelles sont les diverses manières d'ensemencer?

R. On en distingue deux : la première, qui a pour objet les semis à l'air libre, et la seconde, qui exige une haute température.

D. Comment s'exécutent les semis à l'air libre?

R. Les semis à l'air libre se font : 1° en place; ceux-ci ont lieu pour certaines plantes annuelles et quelques plantes vivaces qui ne réclament aucun soin et qui ne supportent pas la transplantation ou qui *reprennent* très difficilement; 2° ils se font en planche pour les plantes qui, après leur germination, ont besoin d'être repiquées.

2

et 5° en vase pour les plantes qui craignent le froid , qui réclament différentes expositions, et pour pouvoir donner plus de soins aux graines fines, qui se sèment ordinairement de cette manière.

D. Comment se font les semis qui exigent une haute température ?

R. Ils se font, soit sur couche , soit en vase. Ceux faits sur couche se pratiquent absolument de la même manière que les semis en planche; ceux qui se font en vase se placent sous des châssis préparés à cet effet. Ces semis s'appliquent à des plantes qui ont besoin d'une forte chaleur pour se développer.

D. À quelle exposition doit-on faire les semis ?

R. On doit, autant que possible , chercher les expositions les plus favorables , c'est-à-dire les plus éclairées et les plus chaudes.

D. Ne serait-il pas très avantageux de semer les graines fines sous châssis ?

R. Les graines fines et légères doivent, autant qu'on le peut être semées sous châssis , lors même qu'elles sont originaires du pays qu'on habite, par la raison qu'une graine fine semée à l'air libre est exposée à toutes les intempéries des saisons : ainsi, la pluie, le vent, la grêle et d'autres accidents concourent à sa détérioration. Il est impossible que des graines très fines continuellement remuées puissent germer. C'est peut-être pour cette raison que beaucoup d'horticulteurs qui achètent des graines et qui ne les voient pas lever, disent qu'ils ont été trompés et qu'on leur a livré de mauvaises graines.

D. Quel est le mode de préparation à faire subir aux graines avant de les semer ?

R. La première chose est de semer les graines bien séparées de toutes leurs enveloppes calicinales. Souvent, quand on ne prend pas cette précaution, la décomposition de ces enveloppes dans le sein de la terre occasionne la pourriture de la graine. La seconde est de faire tremper dans l'eau tiède les graines qui commencent à vieillir.

D. Qu'ajoute-t-on à l'eau pour réveiller la faculté germinative des graines ?

R. On y ajoute du chlore en petites proportions. Cette substance rend aux graines leur faculté germinative en cédant à leur carbone une partie de son oxygène. A défaut de chlore, on se sert aussi avec succès d'acide sulfurique ou d'acide oxalique mélangé à l'eau en justes proportions ; d'autres acides produisent le même effet.

D. N'y a-t-il pas des graines qui perdent promptement par l'évaporation les sucs renfermés dans leur tissu ? Que fait-on pour prévenir cette évaporation ?

R. En général, les graines des fruits charnus se dessèchent promptement, et, pour leur conserver leur faculté germinative, on les fait stratifier.

D. En quoi consiste cette méthode ?

R. On fait stratifier de deux manières : 1° lorsqu'on possède beaucoup de graines, on les place par couches dans du sable sec, qu'on élève en petites buttes pyramidales ; ces pyramides sont recouvertes d'une couche de terre forte, appliquée de manière à ne pas laisser pénétrer l'air et l'humidité à l'intérieur ; 2° les petites graines, ou celles qui sont peu nombreuses, se font stratifier dans de petites boîtes de sapin ou de carton remplies de sable très sec.

D. N'y a-t-il pas des graines qu'on est souvent obligé de fêler avant de semer ?

R. Il y a plusieurs noyaux qui se trouvent dans ce cas ; on les fend ou on les fêle, afin d'aider l'embryon à sortir de son enveloppe osseuse.

D. Doit-on semer les graines fines seules ou avec un mélange ?

R. Avant de semer les graines fines, on les mélange avec du sable fin ou de la cendre tamisée ; car, sans cette précaution, le semis serait très inégal.

D. Les graines d'une même famille conservent-elles leur faculté germinative le même espace de temps, et le temps qu'elles mettent à germer est-il le même ?

R. Des expériences très souvent répétées ont prouvé qu'en général les graines d'une même famille conservent leur faculté germinative le même espace de temps, et que le temps qu'elles mettent à germer est à peu près le même. Cependant presque toutes les familles fournissent des exceptions à cette règle générale : ainsi, on voit journellement la germination présenter de grandes irrégularités.

D. Tous les jeunes plants qui proviennent de graines de la même famille se plaisent-ils dans le même sol ?

R. On peut dire des plantes ce que l'on a dit des graines : en général, toutes les plantes d'une même famille se plaisent dans le même sol, cependant les exceptions sont nombreuses. Ainsi une plante dont les racines sont fines et nombreuses se plaira dans une terre légère et friable, tandis qu'une plante de même famille, qui aura de grosses et longues racines, préférera une terre forte et substantielle.

D. Pourriez-vous citer quelques exemples sur ce que vous venez de dire des graines et des plantes ?

R. Pour répondre à cette question, nous n'avons qu'à transcrire les observations qui ont été faites sur les graines de quelques familles :

*Asparaginacées.* — Les graines de cette famille ne conservent pas leurs facultés germinatives trop au delà d'un an ; il vaut mieux semer dans le mois qui suit la récolte, en terre douce et légère et bien terreautée. L'asperge plantée dans une terre semblable végète très bien.

*Papilionacées.* — Les graines de cette famille appartiennent à des plantes herbacées et ligneuses, annuelles, bisannuelles et vivaces ; elles conservent leurs facultés germinatives de quatre à dix ans, sauf quelques exceptions. Des graines de *Mimosa pudica* ont germé soixante ans après leur récolte.

La germination varie entre une et cinq années, suivant le genre et la constitution de la plante.

On cultive en terre ordinaire, en terre mélangée et en terre de bruyère, à l'air libre, en vase, sur couche tiède et sur couche chaude. Les espèces de serre redoutent l'humidité, surtout pendant l'hiver.

*Rosacées.* — Les graines de cette famille proviennent de fruits secs et de fruits charnus; elles se conservent de cinq à une année et germent dans l'espace d'un mois à deux ans. Les plantes se cultivent soit en terre ordinaire, soit en terre mélangée et de bruyère.

*Cruciacées.* — Les graines de cette famille se conservent de trois à cinq ans; elles germent dans l'espace de quelques jours; les plantes se cultivent en terre ordinaire et en terre mélangée. (Les graines de deux ans sont préférables à celles de l'année.)

*Caryophyllacées.* — Les graines de cette famille se conservent d'une à cinq années; elles germent dans l'espace de huit jours à six mois. Les plantes se cultivent en terre ordinaire ou amendée; elles craignent plutôt l'humidité que la sécheresse.

*Grossulariacées.* — Les graines de cette famille se conservent d'un an à quinze mois et germent dans l'espace d'un mois à un an. Culture en terre ordinaire.

*Liliacées.* — Les graines de cette famille se conservent de deux à six ans; elles germent, suivant la nature des plantes, dans l'espace de cinq semaines à un an. Les plantes se cultivent en terre meuble et terre mélangée de terre de bruyère.

*Polygonacées.* — Les graines de cette famille se conservent de deux à quatre ans; elles germent dans l'espace de dix jours à deux mois. Les plantes aiment une terre franche, bien qu'on puisse les cultiver dans les plus mauvais sols.

*Chénopodiacées.* — Les graines de cette famille peuvent se conserver de deux à sept ans; elles germent dans l'espace de dix à trente jours. Les plantes se cultivent en terre ordinaire.

*Solanacées.* — Les graines de cette famille, bien que les fruits soient en général pulpeux et bacciformes, se conservent de trois à huit ans; elles germent dans l'espace de dix jours à trois mois, suivant l'espèce et la température. Sauf quelques exceptions, toutes les graines de cette famille réclament une haute température pour pouvoir germer.

Les plantes se plaisent dans les sols légers, amendés, la terre franche, la terre mélangée et la terre de bruyère.

*Synanthéracées.* — Les graines de cette famille peuvent se conserver de trois à six ans ; elles germent dans l'espace de dix jours à un mois. Les plantes se cultivent en terre ordinaire, en terre mélangée, quelques unes en terre de bruyère, celles-ci sont rares ; une d'elles ne conserve pas ses facultés germinatives au delà d'un an, c'est la rhodanthe de manglèse.

*Cucurbitacées.* — Les graines de cette famille peuvent se conserver, terme moyen, de dix à douze ans ; elles germent dans l'espace de quelques jours ou de quelques semaines. Il faut conserver aussi longtemps que possible celles qui appartiennent aux fruits comestibles.

*Valérianacées.* — Les graines de cette famille peuvent se conserver de deux à six années ; elles germent dans l'espace de dix jours à deux mois. Les plantes se cultivent en terre ordinaire.

*Ombellacées.* — Les graines se conservent de deux à quatre ans ; elles germent, suivant la nature de l'espèce, dans l'espace de deux à dix-huit mois. Les plantes de cette famille aiment une terre franche, très fumée et très amendée ; quelques unes se plaisent dans les lieux ombrés et humides.

*Portulacées.* — Les graines de cette famille se conservent deux ans ; elles germent dans l'espace d'un à deux mois. Les plantes aiment la terre meuble, la terre chaude et légère. Les graines du *Portulaca oleracea* se conservent plus de deux ans.

*Renonculacées.* — Les graines de cette famille ne conservent pas leurs facultés germinatives trop au delà de deux ans ; quelques unes demandent à être semées après la récolte (*Actæa spicata*, *Pæonia*, *Aconitum anthora*, *Anémone*, *Ranunculus*, *Clématis*). Les plantes sont annuelles, bisannuelles et vivaces ; elles aiment la terre légère, fraiche et ombrée ; plusieurs se multiplient par la séparation de leurs racines ; en général, toutes sont vénéneuses. Les graines de tous les genres diffèrent entre elles d'une manière remarquable ; elles germent dans l'espace de quelques semaines, de quelques mois et de quelques années.

*Convolvulacées.* — Les graines de cette famille peuvent se conserver trois ans ; elles germent dans l'espace de quelques jours ou de quelques semaines ; les unes se sèment en pleine terre et en place en avril, les autres se sèment sur couche et en pot. Les plantes sont annuelles et vivaces ; plusieurs de ces dernières sont de serre et se multiplient aussi de boutures ; toutes aiment une terre légère terreautée.

*Polémoniacées.* — Les graines de cette famille ne conservent pas leurs facultés germinatives au delà de deux années ; elles germent dans l'espace de quelques semaines ; quelques unes demandent à être semées après la récolte, tels sont les *Phlox*. Les plantes sont annuelles, bisannuelles et vivaces ; les unes se cultivent en terre normale, quelques unes veulent la terre de bruyère, les *Cantua* sont dans ce cas ; plusieurs de ces derniers sont de serre, tels que les *Cantua dependens* et *bicolor*, qu'on multiplie plutôt de bouture que de graines.

*Verbénacées.* — Les graines des verbénacées conservent leurs facultés germinatives d'un à trois ans, suivant le genre de plantes ; elles germent dans l'espace de quelques semaines et de plusieurs mois. Les plantes se cultivent en terre franche, en terre mélangée, moitié de terre franche et moitié de terre de feuilles ou de terre de bruyère ; presque toutes sont de serre ou d'orangerie. On les multiplie aussi par marcottes et par boutures.

*Amarantacées.* — Les graines de cette famille se conservent de six à huit années ; elles germent dans l'espace de quelques semaines. Les plantes, qui sont presque toutes annuelles, se cultivent en terre ordinaire ; elles se sèment d'elles-mêmes, et pullulent dans les jardins d'une manière souvent désagréable.

*Scrophulariacées.* — Les plantes de cette famille peuvent conserver leurs facultés germinatives de trois à quatre ans ; elles germent dans l'espace de quelques jours ; quelques unes demandent à être semées après la récolte, telle est la *Digitale pourprée*, dont la germination se fait attendre plusieurs mois, si on la conserve au delà d'une année.

Plusieurs plantes de cette famille peuvent se multiplier par boutures ; toutes se cultivent en terre franche, sauf celles qui nous viennent des Alpes et de l'Amérique, tels sont plusieurs *Linaires*, plusieurs *Pentstémons*, les *Calcéolaires* et les *Alonzoa* qui préfèrent la terre de bruyère ; la *Scrophulaire noueuse*, la *Pédiculaire* des marais sont vénéneuses.

*Papavéracées.* — Les graines de cette famille conservent leurs facultés germinatives de deux à quatre ans ; elles germent dans l'espace de quelques jours. On trouve les papavéracées dans les sols légers ; toutefois quelques unes végètent dans les sols forts, particulièrement les *Pavots vivaces*.

*Labiacées.* — Les graines des Labiacées conservent leurs facultés germinatives de quatre à huit années ; elles germent dans l'espace de quelques jours. Les plantes sont annuelles et vivaces ; elles aiment les sols substantiels ; quelques unes réclament la terre franche mélangée de moitié de terre de bruyère, ce sont principalement celles qui sont alpines ou de serre. Celles qui sont vivaces se multiplient aussi de marcottes, d'éclats et par boutures. Les graines de plusieurs espèces veulent être semées sur couche, telles sont celles de plusieurs *Salvia*, *Scutellaria*, *Monarda*, *Ocymum*, etc.

*Graminées.* — Les graines des graminées se conservent, terme moyen, trois années ; cependant il importe de ne pas attendre ce dernier terme pour les confier au sol, attendu que la germination en est lente, tandis que, semées l'année de la récolte, elles germent en quelques jours.

Il est donc important de ne pas semer les blés d'une récolte de plus de deux ans ; les orges et les avoines de l'année sont préférées à celles de deux ans.

Les graminées sont des plantes annuelles et vivaces, aucune n'est de serre, peu sont recherchées comme plantes ornementales ; elles aiment une terre légère et substantielle, bien qu'elles végétent à peu près dans tous les sols.

*Géraniacées.* — Les graines de géraniacées peuvent se conserver d'une à trois années ; elles germent dans l'espace de quelques semaines ; on multiplie aussi quelques plantes par boutures, particulièrement les *Pelargonium*. Le sol favorable à la culture est une terre meuble ; toutefois le genre *Pelargonium* préfère une terre mélangée par moitié à la terre de bruyère.

D. Tous les végétaux se reproduisent-ils par graines?

R. Tous les végétaux se reproduisent par graines ; toutefois nous cultivons une grande quantité de plantes étrangères à notre sol qui ne produisent jamais de graines, tandis qu'elles en donnent dans leur pays natal.

D. Ne connaissez-vous pas quelques végétaux dont les organes cachés ou peu distincts semblent ne produire aucun fruit, et dont la reproduction par graines paraît très difficile?

R. Ces sortes de végétaux sont renfermés dans la division des acotylédonées ou cryptogames. On en multiplie quelques uns par leurs sporules, qui sans doute sont une partie de leurs fruits.

D. Quelles sont les familles des acotylédonées qu'on cherche le plus à multiplier par leurs sporules ?

R. R. Ces familles sont peu nombreuses ; les plus communément multipliées sont les champignons , les fougères et les lycopodes.

D. Le nombre des champignons cultivés est-il bien grand ?

R. On ne cultive que le comestible , *agaricus edulis* de Linné.

D. Obtient-on d'heureux succès en semant les sporules des fougères et des lycopodes ?

R. C'est avec beaucoup de peine qu'on est parvenu à obtenir quelques fougères de semis ; quant aux lycopodes, on y a renoncé, attendu qu'on n'a jamais pu recueillir des sporules en état de reproduire.

## DE LA RACINE.

D. Qu'est-ce que la racine , et de quelle utilité est-elle à la plante ?

R. La racine est à la plante ce que la bouche est à l'animal ; c'est elle qui s'empare de la nourriture et qui la transmet au corps de la plante. Les racines croissent et se ramifient en sens inverse des autres parties ; elles varient par leur forme et leur manière d'être , selon la nature des végétaux ; beaucoup s'enfoncent perpendiculairement dans la terre, d'autres s'allongent dans une direction horizontale. C'est à l'aide de leurs dernières extrémités, qui s'allongent continuellement et qui sont toujours tendres, qu'elles absorbent les liquides qui les entourent : ces liquides servent de nourriture à la plante.

D. Les racines sont-elles toutes semblables ?

R. Les racines offrent en elles de très grandes différences : il en est qui ressemblent à des fuseaux , d'autres sont renflées en épais tubercules, d'autres sont divisées en une multitude de filets déliés ; on en remarque qui sont étalées en rameaux comme la cime des arbres ; quelques unes sortent de la terre et forment de distance en distance des espèces de bornes ; beaucoup naissent de tous les nœuds de certaines plantes rampantes ; d'autres s'échappent de l'extrémité des feuilles ; enfin plusieurs se développent dans le fruit encore suspendu à la branche.

D. Toutes les parties du végétal peuvent donc produire des racines ?

R. Il n'est aucune partie du végétal qui ne puisse produire des racines. Ainsi, une branche de saule, pliée en arc et mise en terre par les deux extrémités, s'enracine de l'un et de l'autre bout.

D. Les racines varient-elles dans leur durée ?

R. Celles des herbes périssent avec la tige ou continuent de végéter deux ou plusieurs années, et reproduisent annuellement de nouvelles pousses ; celles des arbres et des arbrisseaux meurent ordinairement avec le tronc ou la tige qu'elles portent.

D. Les racines peuvent-elles choisir leur nourriture ?

R. Les plantes n'ont point, comme les animaux, le sentiment et l'instinct pour se guider ; mais la nature, en les soumettant à des lois constantes, a pourvu à leur conservation. Ainsi, les racines se dirigent toujours vers les terres humides et fraîchement remuées ; elles abandonnent souvent le mauvais terrain pour aller chercher au loin une nourriture plus substantielle ; rien ne les arrête : les fossés, les ruisseaux et les murs ne sont pour elles que de faibles obstacles ; toutefois elles absorbent indistinctement avec l'eau les matières favorables ou nuisibles qu'elle contient. Si les matières sont favorables, la plante prospère ; si au contraire elles sont nuisibles, elle périt.

D. Quelles sont les autres fonctions des racines ?

R. Les racines font aussi les fonctions d'organe excrétoire, c'est-à-dire qu'elles déposent dans le sol une partie des sucs que la plante rejette.

D. Le suc rejeté par les racines d'une plante ne nuit-il pas aux racines d'une plante semblable qui la remplace ?

R. Lorsqu'une plante a vécu longtemps à la même place, on est obligé, si l'on veut qu'une plante de même espèce puisse la remplacer, de changer la terre ou d'attendre que les matières déposées soient décomposées.

D. Les racines absorbent-elles sans cesse ?

R. Elles absorbent en raison de la quantité d'eau qu'évapore la plante exposée à la lumière et à la chaleur. Lorsque l'évaporation n'a pas lieu, c'est-à-dire pendant la nuit, elles rendent au sol par leurs extrémités le liquide non évaporé, liquide qui nuirait au végétal si les racines ne pouvaient le rejeter.

D. Une plante d'espèce différente ne peut-elle pas utiliser cette matière déposée par les racines ?

R. Une plante peut sans inconvénient remplacer une plante d'espèce différente ; il y a des plantes qui déposent dans le sol des matières dont d'autres plantes différentes sont très avides ; toutefois on peut croire aussi que c'est aux excrétions de la racine qu'il faut peut-être attribuer souvent l'espèce d'antipathie qu'on observe entre certaines plantes d'espèce différente qui ne se trouvent jamais ensemble.

D. Les racines ne remplissent-elles pas encore d'autres fonctions ?

R. Elles entretiennent la chaleur dans le végétal ; placées dans un milieu impénétrable au froid , elles portent sans cesse dans la tige la chaleur nécessaire à la conservation des organes, et la preuve, c'est que les végétaux conservent durant l'hiver une température toujours plus douce que celle de l'atmosphère. C'est aussi par les racines que les végétaux restent fixés à la même place et qu'ils se soutiennent malgré la violence des vents.

D. L'étude des racines est-elle bien nécessaire ?

R. Cet organe est un de ceux qui méritent le plus

être d'étudié. C'est en l'observant qu'on peut apprendre à gouverner et à élever les végétaux. C'est par leur structure que les racines indiquent à peu près le milieu qu'elles doivent occuper. Ainsi, les plantes dont les racines sont longues et perpendiculaires ne réussissent jamais dans les lieux où le sous-sol, dur et compacte est à peine recouvert d'une légère couche de terre normale ; celles dont les racines forment un chevelu fin et délié demandent une terre fine et bien remuée ; celles dont les racines sont épaisses et charnues absorbent beaucoup d'humidité ; les racines à oignons végètent au contraire très bien dans un terrain sec et léger.

D. N'y a-t-il pas quelques racines qui sont utilisées dans l'économie domestique ?

R. Il y en a une grande quantité qui apparaissent sur nos tables : les principales sont celles de la pomme de terre, de la carotte, du navet, du céleri, etc.

### DE LA TIGE.

D. Qu'est-ce que la tige ?

R. La tige est cette partie du végétal qui naît sur la racine pour s'élever vers le ciel ; l'union de l'un et de l'autre organe forme le *Collet* de la plante.

D. N'y a-t-il pas des plantes qui semblent manquer de tige ?

R. La tige de quelques plantes est parfois si basse qu'on ne peut la distinguer du collet.

D. Il existe donc des différences bien prononcées entre les tiges ?

R. Les différences qui existent dans les tiges sont très sensibles. Ainsi, on en rencontre une multitude qui portent des branches, des feuilles, des fleurs et toutes les productions végétales connues. On en rencontre d'autres qui portent des feuilles à leur base, qui en sont dépourvues dans leur longueur et qui portent des fleurs à leur sommet ; la primevère en fournit un exemple.

D. Comment nomme-t-on cette tige de la primevère et par quels noms désigne-t-on les autres espèces ?

R. La tige de la primevère, du pissenlit, etc., se nomme hampe. Celle de tous les arbustes et arbrisseaux, de toutes les plantes herbacées se nomme tige proprement dite. Celle des arbres qui dépasse huit mètres de hauteur s'appelle tronc.

D. Ces dénominations s'appliquent-elles à tous les végétaux en général ?

R. Elles ne s'appliquent qu'à ceux qui constituent la grande classe des dicotylédonées. On trouve dans les monocotylédonées la hampe, la tige en gaîne, le chaume, le stipe et la tige proprement dite.

D. Pourriez-vous donner quelques exemples de ces sortes de tiges ?

R. La tige de la tulipe est une hampe, celle des arums est une tige en gaîne, la tige du blé se nomme chaume. On nomme stipe la tige des palmiers, et tige proprement dite celle de l'asperge et du tamne ; la première se soutient d'elle-même, la seconde, au contraire, s'entortille étroitement autour des corps qu'elle rencontre.

D. Ne remarque-t-on pas plusieurs parties dans une tige ? De quoi sont-elles composées ?

R. On trouve l'écorce, le corps ligneux et la moelle ; on remarque dans l'écorce le tissu herbacé, le parenchyme, les couches corticales, quelquefois même le liber. La première partie qui se présente dans le corps ligneux est le liber ; vient ensuite l'aubier, puis le bois. La moelle se compose du tissu tubulaire et de la moelle proprement dite.

D. De quelle manière croît la tige la première année ?

R. La première année, la tige croît continuellement dans toute son étendue, tant que le froid ne vient point arrêter son développement, puis elle meurt si elle est annuelle ; mais elle ne meurt que partiellement si la plante est vivace.

D. Si la plante est ligneuse, comment croit-elle la seconde année ?

R. Si la plante est ligneuse, la tige de l'année précédente ne peut s'allonger que par l'addition d'un surcroît de tige. Ce surcroît est dû au développement des bourgeons formés pendant l'année précédente. La tige formée la première année ne grandit plus.

D. Les parties formées les années précédentes grossissent-elles ?

R. Les portions formées les années précédentes ne grossissent pas, mais l'écorce est distendue par les nouvelles couches ligneuses et corticales ; c'est par ces couches qu'on compte l'âge des arbres.

D. Les tiges de quelques plantes ne s'utilisent-elles pas dans l'économie animale ?

R. On cultive une grande quantité de plantes dont les tiges servent à la nourriture de l'homme et des animaux. L'asperge, le poireau, l'oignon sont de ce nombre.

D. Pourquoi l'écorce se durcit-elle et pourquoi se fendille-t-elle ?

R. L'écorce reste lisse et luisante tant qu'elle est jeune et que le bois est peu âgé ; mais, à mesure que la distension augmente, l'écorce se fendille successivement, et avec l'âge elle présente de grandes crevasses ; alors ces parties extérieures ne jouissent plus de la vie.

D. N'utilise-t-on pas en horticulture une partie de l'écorce de certains arbres et celle de certaines plantes herbacées ? N'est-elle pas employée dans l'économie domestique et dans les arts ?

R. Le liber ou écorce intérieure du tilleul est employé pour ligatures de greffe ; l'écorce du chanvre, du lin, de l'ortie, etc., est employée pour la confection des toiles, des cordes, etc. ; l'écorce de beaucoup de plantes est employée en médecine.

D. Qu'entend-on par liber ?

R. Le liber est un organe susceptible de développement et de modification ; il se reproduit continuellement dans les végétaux ligneux dont la vie s'étend au delà d'une année ; on l'observe entre le parenchyme et le bois. Ce sont en apparence des feuillets concentriques distincts, placés les uns sur les autres et qu'on utilise en horticulture pour ligaturer les greffes.

D. Qu'appelle-t-on aubier ?

R. Les couches intérieures de l'aubier se durcissent insensiblement ; arrivées à l'état solide, elles ne sont pas encore arrivées à l'état de bois, et, par conséquent, n'ont pas encore pris la nuance de celui-ci. C'est cette nuance intermédiaire que l'on désigne sous le nom d'aubier.

D. Est-il bien nécessaire qu'un horticulteur sache faire la différence du liber d'avec l'aubier ?

R. Il est de toute nécessité qu'un horticulteur sache ce que c'est que ces deux organes ; le liber surtout doit attirer toute son attention.

D. Le liber joue donc un rôle bien important dans le végétal ?

R. C'est lui qui, en continuant à s'allonger, élève la tige et forme le corps ligneux ; il crée les boutons, les branches et les feuilles. Si on blesse l'écorce, il se porte vers la plaie et la recouvre d'un bourrelet qui bientôt se convertit en bois ; si on coupe la tige ou une branche de l'arbre, il ne peut plus s'allonger, mais il se replie sur les côtés et y développe de nouveaux bourgeons. C'est par le liber que s'opère l'union de la greffe et du sujet. Les boutures ne prennent que par le liber qui produit de nouvelles racines.

D. Comment distingue-t-on le bois de l'aubier ?

R. A sa consistance et à sa couleur ; l'aubier est naturellement mou et jaunâtre, tandis que le bois parfait est dur et de couleurs diverses.

D. Les influences atmosphériques, la nature du sol et l'exposition n'influent-elles pas sur les qualités du bois ?

R. La dureté du tissu ligneux et sa couleur dépendent, dans les individus d'une même espèce, des influences atmosphériques, de la nature du sol et de son exposition. En effet, le bois d'un arbre planté dans un sol humide, privé d'une grande somme de lumière et de chaleur, sera mou et blanchâtre, tandis que celui du même arbre planté dans des conditions toutes différentes sera dur et d'une couleur foncée.

D. Qu'est-ce que la moelle ?

R. La moelle est un corps formé de membranes molles, blanchâtres, quelquefois transparentes et sans couleur ; ce corps représente un cylindre central renfermé dans l'anneau tuberculaire comme dans un étui. Dans la première enfance du végétal, la moelle occupe peu de place (le pawlonia, la vigne et le sureau font exception), puis elle se dilate et offre un cylindre plus considérable ; ensuite les parties solides opposent de la résistance, se multiplient et comblent enfin le canal médullaire.

D. Pensez-vous, comme quelques personnes, que la sève passe particulièrement par le canal médullaire ?

R. Les personnes qui pensent ainsi sont dans l'erreur, car les cellules de la moelle ne contiennent de fluides que lorsque toutes les autres parties du végétal en sont abreuvées ; ordinairement ces cellules sont vides : de plus, il n'est pas rare de rencontrer des arbres qui sont privés de leur canal médullaire et qui néanmoins poussent annuellement.

D. Qu'est-ce qui cause la perte du canal médullaire dans certains arbres ?

R. C'est la taille, les élagages et souvent les accidents. La moelle étant la partie la plus molle, la plus faible et la plus fragile de toute la tige, c'est dans son tissu que s'ouvrent les lacunes ; or, ces lacunes mises à découvert reçoivent l'humidité ; celle-ci étant constante fait que les parois du canal médullaire se pourrissent, le mal augmente insensiblement, et voilà la cause de nos saules, de nos tilleuls, de nos noyers creux.

**D.** Que doit-on faire pour prévenir la désorganisation du canal médullaire et des couches de bois qui l'avoisinent ?

**R.** Il faut faire les coupes de taille et d'élagage toujours obliques et nettes, les enduire de mastic si le canal médullaire présente une cavité; sans ces précautions, le cœur du végétal sera bientôt désorganisé.

DE LA FEUILLE.

**D.** Qu'est-ce que la feuille, et de combien de parties est-elle composée ?

**R.** La feuille est cette partie verte du végétal, variable par sa forme, ses dimensions, son attache, sa disposition et ses parties accessoires. Elle se compose le plus souvent de la lame et du pétiole : la lame est cette partie verte, large, mince, dilatée ; le pétiole est cette espèce de support qui sort immédiatement des branches, des racines ou des tiges, et qu'on appelle communément la queue de la feuille.

**D.** Toutes les feuilles sont-elles organisées de la même manière ?

**R.** Les feuilles présentent entre elles de grandes différences : ainsi, les unes sont entières, les autres composées ; celles-ci sont supportées par des pétioles, celles-là sont sessiles, c'est-à-dire que la lame naît directement de la plante. Les feuilles des monocotylédonées présentent ordinairement une organisation qui les distingue des dicotylédonées; rarement on y observe ces nervures ramifiées, dont les contours tracent à la surface des feuilles d'agréables dessins. En général, les filets se portent, sans se détourner, de la naissance de la lame à son extrémité supérieure; toutefois certaines monocotylédonées, telles que le bananier, ont des feuilles d'une organisation toute particulière.

D. Quelle différence présentent les deux faces d'une feuille ?

R. La face supérieure de la lame est ordinairement lisse, luisante, lustrée ; il semble qu'on y ait appliqué un vernis transparent. Les nervures paraissent, mais ne forment point d'éminences, et on ne les distingue communément que par leur couleur, qui tranche sur le vert de la feuille. La face inférieure, au contraire, est presque toujours inégale, velue, chagrinée, relevée en bosses par des nervures saillantes ; elle est d'un vert moins foncé que la face supérieure.

D. Ces deux faces ne jouent-elles pas des fonctions différentes ?

R. L'épiderme des feuilles est très poreux ; les grands pores n'existent communément que sur la face inférieure, à l'exception des feuilles des plantes herbacées, où on les trouve presque toujours sur les deux surfaces. Ces ouvertures servent à la transpiration et à l'absorption des fluides ; la face supérieure les rejette, et la face inférieure les absorbe.

D. Pourquoi dites-vous : à l'exception des feuilles des plantes herbacées ?

R. Les feuilles des herbes, environnées des exhalaisons humides de la terre, sont propres à les aspirer par leurs deux surfaces, car leur épiderme ne présente aucune différence bien marquée.

D. Les feuilles sont-elles absolument essentielles à la vie des plantes ?

R. Sans doute, car elles sont un puissant moteur de la végétation ; on peut les regarder comme des racines aériennes qui puisent dans l'atmosphère des fluides utiles à la vie et à la formation du végétal. Leur face supérieure, frappée par les rayons du soleil, verse dans l'air des torrents de vapeurs et de gaz oxygène, et leur face inférieure y pompe, durant la nuit, le gaz acide carbonique dissous dans l'eau.

D. Qu'arriverait-il si on retranchait les feuilles d'un arbre au moment de sa végétation?

R. Cet arbre ne périrait peut-être pas instantanément, mais il tomberait dans un état de torpeur et de languissement; cet état est fort dangereux, car il finit presque toujours par une asphyxie.

D. N'est-on pas souvent dans la nécessité de retrancher des feuilles aux végétaux?

R. Ce retranchement n'a lieu que pour équilibrer la sève sur les arbres et dans le cas d'une plantation tardive, c'est-à-dire si on est obligé de déplacer un végétal qui se serait déjà couvert de feuilles. On comprend que pour ce cas la défeuillaison soit utile, attendu que la sécrétion serait plus forte que l'absorption, puisque les racines sont dérangées de leur position et le plus souvent brisées par l'effet de l'arrachage.

D. N'y a-t-il pas des feuilles qui semblent se livrer au sommeil, comme n'y en a-t-il pas aussi qui présentent quelque apparence de sensibilité?

R. Les folioles de l'acacia et celles d'une infinité de plantes de la même famille semblent se livrer au sommeil avant le lever du soleil, elles pendent vers la terre; mais, dès que l'astre paraît sur l'horizon, elles commencent à se redresser; elles se redressent d'autant plus que la lumière et la chaleur du soleil sont plus vives; dans les beaux jours d'été, elles sont presque verticales. Il semble que les végétaux sont doués d'irritabilité comme les animaux, témoin les mouvements extraordinaires qu'on observe sur les feuilles de la sensitive; une secousse, une égratignure, la chaleur, les odeurs fortes, les liqueurs volatiles, les réactifs, en un mot tout ce qui peut agir sur nos organes agit sur la sensitive.

D. Ne cultive-t-on pas une infinité de plantes dont les feuilles sont destinées à l'économie animale?

R. Les choux, les laitues, les céleris, et une infinité d'autres plantes, ne sont cultivés que pour leurs feuilles;

on les consomme dans leur état naturel, ou on les fait blanchir ou étioler avant leur cuisson.

**D.** Connaissez-vous quelques feuilles qui peuvent servir à reproduire la plante ?

**R.** Beaucoup de feuilles servent à faire des boutures, et par conséquent à reproduire la plante. Les achimènes, les gloxinies, les gesneriées sont dans ce cas.

DE LA NUTRITION.

**D.** Les végétaux se nourrissent-ils principalement de terre ?

**R.** On a cru, jusqu'à ce que l'expérience ait démontré le contraire, que les plantes se nourrissaient principalement de terre ; mais Boyl a prouvé qu'il n'en est pas ainsi. Il mit une branche de saule dans un vase plein de terre ; au bout de cinq ans cette branche avait acquis quatre-vingt-deux kilogrammes et demi de poids ( cent soixante-cinq livres), et la terre n'avait pas perdu soixante-deux grammes (deux onces) du sien. Ainsi, c'est l'air, l'eau ou les substances contenues dans ces deux fluides qui fournissent un aliment aux plantes.

**D.** Un rameau détaché d'un végétal absorbe-t-il encore ?

**R.** Il est certain que le rameau détaché d'une tige absorbe, et la preuve, c'est que les boutures plantées sans racines ne périssent pas lorsqu'elles sont placées dans de bonnes conditions ; elles conservent leur fraîcheur naturelle et ne tardent pas à acquérir des racines. Un rameau qui commence à se flétrir reprend tout de suite sa fraîcheur si on plonge dans l'eau l'extrémité coupée.

**D.** Pensez-vous qu'un rameau détaché et dont on aurait retranché l'extrémité supérieure absorberait par cette extrémité, à supposer le cas où elle serait en contact avec un liquide ?

R. De même que les branches mises en terre dans une situation renversée produisent des racines, de même un rameau renversé absorbe par son extrémité coupée le liquide avec lequel il est mis en contact.

D. Toutes les parties d'un végétal communiquent-elles entre elles?

R. Il existe entre toutes les parties d'un végétal une communication intime. Ainsi, les fluides aspirés par les jeunes racines (le chevelu) pénètrent dans les grosses racines, les tiges, les branches, les rameaux et les feuilles. Ceux qui sont absorbés par les feuilles redescendent par les rameaux, les branches, les tiges et jusque dans les racines. Il résulte donc de cette organisation du végétal qu'une seule de ses parties peut en nourrir plusieurs, et qu'il suffit quelquefois d'une branche et d'une racine, dans une situation favorable, pour entretenir le courant de la sève nécessaire à la végétation, comme il suffit d'une feuille pour faire passer à ses voisines les sucs qu'elle aspire.

D. Les incisions annulaires, les entailles plus ou moins profondes, arrêtent-elles la sève dans sa marche?

R. Les incisions, les entailles n'empêchent pas la sève de s'élever des racines jusqu'aux branches; seulement elle éprouve momentanément un obstacle.

### DE LA SÈVE ET DE SES MOUVEMENTS.

D. Dites-nous aussi clairement qu'il vous sera possible ce que vous entendez par sève.

R. La sève est un fluide aqueux, incolore, sans odeur ni saveur appréciables; elle est au végétal ce que le sang et le chyle sont à l'animal; c'est la vie du végétal; c'est elle qui charrie continuellement d'un point à un autre les matières nutritives; c'est elle qui les élabore et les range à leur place; elle crée, elle développe les organes; en un mot, c'est un fluide qui marche sans cesse, avec plus ou moins d'activité, du bas en haut et du haut en bas.

D. Quelles sont les causes de cette différence d'activité dans la marche de la sève ?

R. Ces causes sont très nombreuses et très différentes : les unes se rattachent à la nature du végétal, aux forces vitales, au mode de culture, à la nature du sol et des engrais, à l'exposition, etc. ; les autres se rattachent aux influences atmosphériques, telles, par exemple, que l'absence de la lumière et du calorique et la surabondance de ces deux fluides.

D. Expliquez votre pensée sur ces causes différentes.

R. La sève est plus abondante dans les arbres à bois tendre que dans les arbres à bois dur ; ainsi, les premiers grandissent plus vite que les seconds. Le peuplier, le saule, etc., sont plus abondamment pourvus de sève que le chêne de même âge. Un arbre planté dans de bonnes conditions de sol, d'engrais et d'exposition aura plus de sève que celui qui sera planté dans de mauvaises. En un mot, la sève est plus abondante par un temps chaud et bien éclairé que par un temps froid et sombre.

D. Durant la belle saison, la sève est-elle aussi abondante pendant la nuit que pendant le jour ?

R. Lorsque la chaleur du jour agit sur la plante, la sève se porte avec abondance vers le sommet ; mais, pendant la nuit, elle descend vers les racines avec les fluides qu'aspirent les feuilles humectées par l'humidité de l'air.

D. Comment peut-on prouver cette descente de la sève pendant la nuit ?

R. Hales l'a prouvé par l'expérience suivante : « Si on » fixe un tube de verre au sommet d'une branche et qu'on y » verse du mercure, la sève soulèvera le métal pendant » le jour et le laissera retomber pendant la nuit. » On peut prouver la descente de la sève pendant la nuit d'une manière plus simple et surtout plus vraie : si on pratique une petite entaille au pied d'un arbre vers les dix heures du matin, la sève n'en sortira pas pendant la journée, mais elle s'en échappera pendant la nuit.

D. La sève a-t-elle un chemin particulier?

R. La sève parcourt toutes les parties du végétal; toutefois, on remarque qu'elle est plus abondante sur des parties que sur d'autres; ainsi, au printemps, le centre d'un arbre semble en renfermer plus que toutes les parties qui avoisinent la circonférence; à l'automne, c'est tout le contraire.

D. Ne dit-on pas qu'il y a deux sèves différentes dans un arbre?

R. Quelques personnes ont prétendu, d'autres prétendent encore qu'il y a deux sèves différentes : une ascendante, provenant des racines, et l'autre descendante, provenant des feuilles. Ces personnes disent que la première forme le bois et que la seconde forme la fleur; mais c'est une grande erreur, car la nature nous donne annuellement des preuves du contraire.

D. Cependant on entend journellement dire : *la sève du printemps, la sève d'automne ou sève d'août*, ou encore *sève de la Madeleine*. Ce raisonnement ferait croire à l'existence de deux sèves.

R. Ce langage est en effet en usage dans la pratique; il faut même respecter cet usage, mais il ne prouve pas qu'il y ait deux sèves.

D. Vous reconnaissez cependant qu'il a une sève ascendante et une sève descendante?

R. La sève qui monte est la même que la sève qui descend; elle est comme l'esprit de vin et le mercure. Les liquides renfermés dans les tubes de verre montent et descendent suivant l'état de l'atmosphère, de même la sève monte et descend suivant les lois qui la font mouvoir; mais elle a cela de différent avec l'esprit de vin et le mercure, c'est que, dans ses mouvements de va et vient, elle entraîne avec elle les matières nutritives et les sucs propres destinés à la santé et à la vie du végétal.

D. D'après quelques uns de vos principes, la sève devrait être très abondante pendant les fortes chaleurs, et cependant le contraire n'a-t-il pas lieu très souvent ?

R. La chaleur et la lumière sont deux fluides indispensables à la circulation de la sève, mais lorsqu'ils sont en excès ils deviennent une cause de son ralentissement ; cela est facile à comprendre et prouve d'une manière évidente qu'il n'y a qu'une sève. Pendant les fortes chaleurs, le manque d'humidité est presque complet. Pendant les nuits qui sont courtes et chaudes, il n'y a presque pas de rosée. L'évaporation est plus forte que l'absorption ; alors la sève privée du liquide nécessaire s'épaissit et demeure pour ainsi dire perclue ; elle ne recouvre son activité que lorsque la sécheresse disparaît. Si cette cause se prolonge, c'est-à-dire si la sécheresse continue jusqu'au milieu de septembre, il n'y a pas de sève d'août ou de la Madeleine, parce que la sève demeure épaisse et visqueuse.

D. La sève est-elle la même pour tous les végétaux en général ?

R. L'expérience a démontré que ce fluide diffère autant qu'il y a d'espèces de végétaux, qu'il diffère dans un même végétal, suivant les époques de l'année, suivant l'âge des sujets, les expositions et les conditions de plantation.

D. La sève change-t-elle de nature ?

R. La sève ne change pas de nature, mais elle est sujette à des altérations partielles et générales ; de plus, les éléments qui la composent augmentent ou diminuent suivant telle ou telle circonstance.

D. Qu'entendez-vous par altérations partielles et générales ?

R. Les altérations partielles sont le résultat de coups, blessures ou d'autres accidents ; ainsi, lorsque nous recevons un coup, la place frappée prend une teinte noirâtre : c'est le sang qui est altéré. De même, lorsqu'un arbre est meurtri, une tache brune apparaît, l'écorce se fendille, une liqueur visqueuse et noire s'en échappe : c'est de la sève corrompue. L'altération générale est produite par des causes nombreuses, comme un terrain contraire, un traitement vicieux, des circonstances atmosphériques défavorables, etc., etc.

D. La pratique retire-t-elle de grands avantages de toutes les observations faites sur la sève ?

R. Les observations qu'on a faites sur la sève ont rendu de grands services à la pratique ; elles ont amené à faire la greffe, les crans, les incisions, les arcuations ; elles ont indiqué le mode de culture, le choix des sujets, le sol et l'exposition favorables, etc., etc.

D. Vous avez parlé d'élaboration ; quels sont les résultats de cette fonction ?

R. La sève, dans ce travail, forme le cambium. Le cambium est une matière épaisse et visqueuse qui sert à construire le végétal ; c'est la nourriture par excellence.

D. Outre le cambium, ne trouve-t-on pas d'autres substances particulières dans les végétaux ?

R. On rencontre en effet beaucoup d'autres substances auxquelles on donne les noms de sucs propres, huiles, gommes, etc. Peut-être font-ils partie de la nourriture du végétal, c'est ce qu'on ne peut affirmer ; toutefois, leur nature particulière est le résultat de l'organisation des plantes qui les produisent.

D. Ces sucs propres, ces huiles, etc., ne sont-ils pas de quelque utilité dans les arts, la médecine et l'économie domestique ?

R. Les sucs propres, les huiles, les résines, les gommes, etc., etc., sont d'une grande utilité pour les arts, la médecine et l'économie animale. Ainsi, l'Indigotier, le Pastel, la Garance et beaucoup d'autres végétaux fournissent de la teinture. Une multitude de plantes sont employées en médecine pour leurs sucs, leurs essences, leurs arômes, etc. Les fruits fournissent des sucs sucrés, aromatisés et fort agréables.

D. Qu'entendez-vous par parenchyme?

R. Le parenchyme est le tissu mou et pulpeux qui remplit, dans les feuilles épaisses, dans les jeunes tiges et dans les fruits, tout l'espace qui se trouve entre les ramifications des vaisseaux. Cette partie est d'autant plus abondante que la plante est jeune; peu à peu elle diminue de volume, et, dans les vieux troncs, à peine en trouve-t-on quelques traces.

## DU BOURGEON.

D. Qu'est-ce qu'un bourgeon, et par quel nom le désigne-t-on le plus généralement en horticulture?

R. Le bourgeon, qu'on nomme plus communément bouton lorsqu'il est formé et œil lorsqu'il est naissant, est un petit corps qui, suivant sa nature, est rond, ovale ou conique. Il est le commencement ( le rudiment ) d'une tige ou d'un rameau.

D. Comment le bouton est-il organisé?

R. Le bouton des arbres de nos climats est toujours revêtu d'une enveloppe écailleuse, qui se compose de petites lames en forme de cuiller ou d'écailles de poisson; les extérieures sont sèches, dures et quelquefois enduites d'une substance résineuse ou gommeuse, qui empêche l'accès de l'humidité; les écailles intérieures sont recouvertes d'un duvet cotonneux qui empêche l'accès du froid.

D. A quelle époque le bouton se forme-t-il et se développe-t-il?

R. Le bourgeon naissant, c'est-à-dire l'œil, paraît à la fin du printemps; il devient bouton vers la fin de juin: il se nourrit dans l'automne, se couvre d'écailles, résiste au froid, s'il n'est pas excessif, et se développe au prin-

temps suivant. On désigne en agriculture ce développement par le mot de *bourgeonner*.

D. Comment naissent les boutons ou bourgeons ?

R. Ils naissent dans l'aisselle d'une feuille, qui est leur
nourrice jusqu'à l'entrée de l'hiver; lorsqu'ils sont sevrés,
ce qui arrive à cette époque , ils trouvent dans le petit
support renflé sur lequel ils reposent des sucs qui fournissent à leur entretien, puis à leur développement.

D. Les boutons se trouvent-ils à l'aisselle des feuilles
de tous les végétaux qui croissent sous notre climat ?

R. Dans le Platane, par une exception singulière , le
pétiole de la feuille est creusé intérieurement à sa base ,
et cette cavité forme un étui qui renferme le bouton et le
cache à nos yeux.

D. Combien distingue-t-on de sortes de boutons?

R. On en distingue quatre sortes : le bouton à bois , le
bouton à fleur ou à fruit , le bouton mixte et le bouton
radical.

D. Comment distingue-t-on ces boutons entre eux ?

R. Par leur forme , leur position , et par le nombre des
feuilles qui les accompagnent.

D. Veuillez nous donner quelques explications sur ce
sujet.

R. Les boutons à bois se forment dans l'aisselle de chaque feuille sur les rameaux ou pousses nouvelles des arbres ; ils sont d'ordinaire petits, ovales et aigus, et rarement accompagnés de plus d'une feuille. Les boutons à
fruit ou à fleur ne renferment que des fleurs ; ils sont
souvent accompagnés d'une petite rosette de feuilles ; ils
ont pour caractères d'être plus ronds , plus volumineux
que les boutons à bois de la même espèce d'arbre; ils se
forment quelquefois l'année de leur apparition , mais le
plus souvent il leur faut trois années pour acquérir tout
leur développement. Les boutons mixtes produisent , soit
des fleurs et des feuilles en même temps , soit seulement

un petit rameau qui commence par se charger de feuilles et sur lequel les fleurs naissent quelque temps après, comme sur la vigne et le framboisier. Les boutons radicaux naissent au collet de la racine et donnent lieu chaque année à de nouvelles tiges. Ces boutons se remarquent particulièrement dans le framboisier.

D. Ne distingue-t-on pas encore d'autres boutons parmi ceux à bois?

R. En effet, on trouve des boutons stipulaires, moins apparents que les boutons à bois proprement dits et qui se forment à leurs côtés. On trouve aussi des boutons latents et des boutons adventifs. Ces deux sortes de bou. tons ne produisent habituellement que du bois : les premiers, peu volumineux et toujours placés sur les ramifications un peu âgées, principalement à leur base, restent souvent dans l'inaction pendant plusieurs années et ne font leur évolution que lorsqu'ils y sont excités par une taille très courte ; les seconds sont ceux dont l'apparition est purement accidentelle, imprévue, et qui naissent sur des points autres que ceux où les boutons ordinaires se forment d'habitude. Leur développement est souvent déterminé par une taille très courte ou par une amputation. On les nomme encore boutons corticaux.

D. Les boutons proprement dits, soit à bois, soit à fleur, ne prennent-ils pas des noms particuliers d'après leur nombre, leur position et le nombre des fleurs qu'ils renferment?

R. Les boutons à bois sont, d'après leur nombre, simples, doubles ou triples ; d'après leur position, ils sont terminaux, latéraux supérieurs, latéraux inférieurs, latéraux de devant et latéraux de derrière. Les boutons à fleur sont, d'après leur nombre, simples, doubles, triples ; d'après le nombre des fleurs, ils sont uniflores, biflores et multiflores ; enfin, d'après leur position, ils sont terminaux ou latéraux.

D. La connaissance des boutons ou, si vous aimez mieux, l'étude des boutons est-elle bien utile ?

R. Elle est si utile, que sans elle il est impossible de diriger convenablement un arbre. L'horticulteur qui ne connaît pas la valeur des boutons ne fera jamais rien de bon d'un arbre. En effet, une étude importante pour la taille, c'est celle de la position des boutons à fleur sur les arbres fruitiers.

D. Puisque vous revenez sur les boutons à fleur, dites-nous s'ils se forment de la même manière sur tous les arbres fruitiers.

R. Suivant les espèces, ces boutons sont placés tantôt latéralement sur les rameaux, tantôt à leur extrémité. Ainsi, dans les arbres à fruits à noyaux et les Groseilliers, ils sont presque toujours placés latéralement sur certains rameaux nés de l'année précédente ; dans les arbres à fruits à pépins, au contraire, les boutons à fleurs sont ordinairement placés à l'extrémité de petites branches, courtes, rabougries et charnues, âgées ordinairement de trois ans, et auxquelles on donne différents noms, tels que ceux de dards, ergots, lambourdes, etc.

D. Les boutons à fleurs des arbres à pepins demeurent-ils tous trois ans avant d'éclore et porter des fruits ?

R. Non, car on a vu des boutons éclore et porter des fruits l'année même de leur formation ; ces cas se présentent sur tous les arbres fruitiers en général.

D. Les boutons à fleur attendent-ils toujours le printemps pour éclore ?

R. On voit souvent des arbres à fruit couverts de fleurs à l'automne ; cette inflorescence prématurée dépend d'une circonstance atmosphérique ou d'un accident ; quelques variétés de poiriers et de pommiers donnent souvent des exemples d'inflorescence anticipée.

D. Comment nommez-vous l'espace qui sépare deux boutons sur le rameau ou sur la branche ?

R. Cet espace se nomme entre-nœud par quelques uns et mérithales par quelques autres.

### DES RAMEAUX.

D. Vous avez dit que les boutons à bois formés l'année précédente se développent au printemps suivant. Dites-nous maintenant comment se nomme cette nouvelle production.

R. Dans la pratique du jardinage ces nouvelles, pousses se nomment *bourgeons*, mais leur véritable nom est *rameaux*.

D. Combien distinguez-vous de sortes de rameaux vulgairement nommés bourgeons?

R. On en distingue cinq sortes, savoir : les rameaux *gourmands*, les rameaux *à bois*, les rameaux *à fruit*, les rameaux *mixtes* et les rameaux *anticipés* ou *faux rameaux*.

D. Caractérisez tous ces rameaux, ou, si vous aimez mieux, faites-nous connaître la différence qui existe entre eux.

R. Le rameau gourmand est le plus gros de tous : on le reconnaît à sa plus grande vigueur, qui menace de faire périr les parties placées au delà du point où il est situé. Sa base est accompagnée d'un large empâtement ; au dessus de cet empâtement naissent des boutons très distants les uns des autres et très petits. Ceux du sommet sont plus gros et plus rapprochés. Le rameau gourmand apparaît ordinairement au sommet des branches placées verticalement, sur le dessus de celles placées horizontalement, enfin sur les points où les branches commencent à abandonner la ligne verticale pour prendre celle oblique ou horizontale, et toujours à la partie supérieure, c'est-à-dire la partie qui regarde le ciel.

D. Le rameau gourmand peut-il être utilisé ?

R. Le rameau gourmand qui naît à l'extrémité des branches sert à former la charpente des jeunes arbres ; on peut utiliser le rameau gourmand ou le retrancher en raison de la place qu'il occupe : ainsi , il peut boucher un vide , remplacer une branche et en former une au besoin , etc. , etc. ; mais, dans le cas où ce rameau ne peut que nuire , il faut le retrancher avec la plus grande sévérité.

D. Quelle différence faites-vous d'un rameau à bois proprement dit et d'un rameau gourmand ?

R. Le rameau à bois proprement dit est celui qui, placé convenablement, acquiert assez de vigueur pour ne développer presque que des boutons à bois , mais pas assez cependant pour être transformé en rameau gourmand.

D. Le rameau à fruit ressemble-t-il au rameau à bois ?

R. Le rameau à fruit est aussi le produit d'un bouton ordinaire ; mais, soit qu'il se trouve moins favorablement placé , soit qu'il ait été contrarié dans son développement , les boutons qu'il porte se sont presque tous transformés en boutons à fleur.

D. Ne connaissez-vous pas plusieurs sortes de rameaux à fruit ?

R. Les rameaux à fruit peuvent être subdivisés en quatre sortes , savoir : le rameau à fruit proprement dit le *bouquet* , la *lambourde* et la *brindille*.

D. Ces sortes de ramifications se rencontrent-elles sur tous les arbres à fruit en général ?

R. Les lambourdes et les brindilles ne se trouvent que sur les arbres à pépins, comme le bouquet ne se rencontre que sur les arbres à noyaux et les Groseilliers. On en peut dire autant du rameau à fruit proprement dit.

D. Décrivez-nous le rameau à fruit proprement dit et le bouquet.

R. Le rameau à fruit proprement dit est assez long et assez vigoureux ; il porte à son sommet des boutons à fruit et à sa base des boutons à bois qui servent à le remplacer après la production du fruit. Le bouquet est beaucoup plus petit , plus mince et moins vigoureux ; il est terminé par un bouton à bois, en porte un ou deux de même nature à la base, mais son milieu est communément chargé de boutons à fleur, et ce sont ces fleurs qui donnent toujours naissance aux plus beaux fruits.

D. Dites-nous ce que vous entendez par lambourde.

R. La lambourde est un petit prolongement (on lui donne le nom d'ergot lorsqu'elle n'est munie que d'un seul bouton), court, gros, charnu, ridé, long dans sa jeunesse d'un à trois centimètres, et pourvu alors d'un seul bouton placé à son sommet ; chaque année ce bouton développe une rosette de feuilles au milieu de laquelle naît un nouveau bouton ; le rameau s'allonge par conséquent d'un centimètre environ. Vers la troisième année, ce bouton terminal produit des fleurs ; c'est après cette inflorescence que la lambourde se ramifie et donne lieu à plusieurs boutons qui se comportent comme le premier.

D. Quelle différence faites-vous d'une brindille avec une lambourde ?

R. La brindille, qu'on nomme dard dans sa jeunesse, diffère de la lambourde par sa grosseur, sa longueur et sa forme. C'est un rameau long de huit à vingt centimètres, très mince, muni de quelques boutons petits et espacés ; ces boutons se comportent, comme ceux de la lambourde, de manière que la quatrième année l'extrémité de la brindille ressemble à une lambourde et produit les mêmes résultats.

D. Faites-nous connaître la différence essentielle qui existe entre les rameaux à fruit proprement dits des arbres à noyaux, les rameaux-bouquets de ces mêmes arbres, et les lambourdes et les brindilles des arbres à fruits à pépins ?

R. La différence qui existe entre les rameaux fructifères des arbres à fruits à noyaux d'avec ceux des arbres à fruits à pépins est très grande. En effet, les premiers ne peuvent donner du fruit qu'une seule fois ; le plus souvent ils languissent et finissent par périr, tandis que les seconds ont une existence presque indéfinie, surtout quand on leur donne les soins qui leur sont nécessaires.

D. Si les rameaux à fruit des Pêchers, Abricotiers, etc., ne rapportent du fruit qu'une année, comment procédez-vous pour obtenir la même régularité et la même fertilité sur ces arbres, et quels sont les soins que réclament les lambourdes et les brindilles des Poiriers et des Pommiers ?

R. Les rameaux à fruit des Pêchers, des Abricotiers, etc., se taillent de manière à ce que les boutons à bois qui sont à leur base se développent dans le courant de l'année ; parmi ces nouvelles productions s'en trouvent qui sont des rameaux à fruit et qui remplacent ceux qui viennent de rapporter. Ainsi, l'art de l'arboriculteur consiste à faire naître des rameaux à fruit, puis à les remplacer chaque année, et cela aussi près du tronc et des branches charpentières que possible. Quant à l'entretien des lambourdes et des brindilles, il est très simple ; il consiste à les tenir propres et à tailler très nettement la place occupée par les pédicelles des fruits. Sans cette dernière précaution, cette place demeurant rugueuse devient une retraite pour les insectes et la source d'une humidité surabondante.

D. Qu'est-ce qu'un rameau mixte ?

R. Le rameau mixte est celui qui offre une quantité presque égale de boutons à bois et de boutons à fruit ; ces rameaux ne se rencontrent généralement que sur les arbres à fruits à noyaux, comme par exemple à la partie supérieure des branches du pêcher.

D. Qu'entendez-vous par rameaux anticipés ?

R. On nomme rameaux anticipés ou faux rameaux ceux qui sont produits par des boutons de l'année, et qui éclosent dans le courant de l'été au lieu d'éclore le printemps suivant. On les utilise très rarement pour asseoir la taille des arbres, et cela parce qu'ils sont maigres et que leurs boutons sont mal constitués ; toutefois, il se présente quelques cas où il est nécessaire de s'en servir.

D. Ces développements anticipés n'ont-ils pas quelques causes particulières ?

R. Une sève arrêtée, un coup, une blessure, etc., peuvent faire développer les boutons de l'année ; un pincement fait sur un jeune arbre vigoureux et qui ne porte pas de fruits produira un effet tout contraire à celui qu'on attend, si surtout l'année est chaude et humide, c'est-à-dire que les boutons à bois qu'on aura voulu faire transformer en boutons à fruit se changeront en rameaux anticipés.

D. Tous les boutons du rameau pincé se développent-ils en rameaux anticipés ?

R. Non, il n'y a que le bouton supérieur ; les autres continuent à grossir ; toutefois, une maladresse ou un accident peuvent les faire se développer en rameaux anticipés.

D. Expliquez votre pensée à cet égard.

R. Si, après le pincement, le bouton se développe en rameau et que l'extrémité de ce rameau vienne à être brisée ou pincée, il est presque assuré que le bouton qui précède ce rameau se développera à son tour en rameau anticipé.

### DES BRANCHES.

D. Que devient le rameau lorsqu'il se charge de ramifications ?

R. Il prend le nom de branche.

D. Les branches ont-elles des noms particuliers ?

R. On désigne les branches des arbres soumis à la taille par des noms particuliers : ainsi, on les appelle branches mères, sous-mères, tertiaires et coursonnes.

D. Qu'entendez-vous par branches mères ?

R. Les branches-mères sont celles qui naissent du collet; elles communiquent directement avec les racines qui leur transmettent la sève puisée dans le sol; elles supportent toutes les ramifications de l'arbre; de là leur nom de branches mères.

D. Comment classez-vous les ramifications des branches mères?

R. On est généralement dans l'usage de donner le nom de branche mère à deux espèces de ramifications bien différentes. Ainsi, dans un Pêcher conduit en éventail carré, on nomme branches mères les deux branches qui naissent sur la tige mère et qui se divisent pour former un V ou plutôt un Y avec cette tige mère, et on nomme branche mère, et cela avec raison, la tige verticale d'une quenouille, d'une pyramide, d'un fuseau et d'une palmette. Quant à leurs ramifications, on les désigne par branche sous-mère de dessus et branche sous-mère de dessous, ou sous-mère inférieure, sous-mère supérieure, selon qu'elles naissent en dessus ou en dessous des branches mères.

D. Les branches sous-mères se subdivisent-elles?

R. Les branches sous-mères se subdivisent en un troisième ordre de branches; celles-ci prennent le nom de branches tertiaires; on les désigne également par supérieures ou par inférieures.

D. Quelle différence faites-vous d'une branche coursonne avec les autres branches dont vous venez de nous entretenir?

R. Ces sortes de branches sont courtes, plus ou moins difformes, noueuses et destinées à porter les rameaux à fruit; elles prennent naissance sur les mères, les sous-mères et les tertiaires.

D. Toutes les ramifications des végétaux fructifères, surtout à fruits comestibles, prennent-elles les mêmes noms?

R. Les ramifications de la Vigne se désignent par cinq

noms différents : la *tige* proprement dite , qui porte les *sarments;* ceux-ci, taillés annuellement, forment les *cornières;* dans la petite culture , c'est-à-dire la culture en espalier, le sarment forme le *cordon*, et c'est sur ce cordon que se trouvent les cinquièmes ramifications qu'on nomme *coursons.*

D. Le framboisier offre-t-il plusieurs sortes de ramifications?

R. Le framboisier offre : 1° une ramification qui porte le nom de radicale , parce qu'elle a pris naissance d'un bourgeon radical ; 2° cette ramification, taillée ou livrée à elle-même, produit une multitude de petites brindilles destinées à porter les fruits.

# TROISIÈME PARTIE.

## Des moyens artificiels employés pour multiplier et perpétuer les végétaux

D. Quels sont les moyens les plus simples et les plus faciles employés pour multiplier et perpétuer un végétal?

R. Après les moyens naturels , c'est-à-dire les semis , viennent les moyens artificiels, tels que la greffe, la bouture , la marcotte et l'éclat ou la séparation de racine.

### DE LA GREFFE.

D. En quoi consiste l'opération de la greffe, et comment greffe-t-on ?

R. Greffer, c'est implanter pour ainsi dire sur un individu qu'on nomme sujet une partie d'un autre individu avec lequel il a du rapport. On greffe de plusieurs manières, car on compte près de cent quarante sortes de greffes , les unes propres à multiplier et perpétuer , les autres à unir et marier ; quelques unes servent à réor-

raniser et à régénérer, et enfin quelques autres sont
utilisées pour obtenir une plus grande récolte de fruits.
La première, qu'il est indispensable de connaître parce
qu'elle est la plus utile, est la greffe en *Écusson*, qui se pratique de la fin de juillet au commencement du mois de
septembre, de préférence au mois de mai, attendu que la
sève est moins abondante et moins fougueuse vers la fin
de l'été qu'à la fin du printemps. Si la sève est trop abondante, la greffe est noyée ; si elle ne l'est pas assez, la
greffe se dessèche et ne se soude pas. Pour greffer à l'écusson, il faut avoir un greffoir bien aiguisé et muni à la base
de son manche d'une spatule en ivoire. Le sujet destiné
à recevoir la greffe doit être sain, vigoureux et recouvert
d'une écorce lisse et soyeuse, sur laquelle on pratique avec
la lame de l'outil deux incisions, l'une transversale et
l'autre longitudinale, qui, par leur réunion, forment un T.
On choisit sur un rameau de l'individu qu'on veut multiplier, et qui doit être également sain et robuste, un *œil*
ou bourgeon bien constitué, ni trop gros, ni trop petit, et
muni d'une feuille dont on retranche le pétiole ( queue )
à un centimètre environ de sa naissance. Pour enlever cet
œil, on s'y prend de deux manières : 1° en pratiquant au
dessus de sa pointe une incision transversale et de chaque côté une incision longitudinale oblique. Ces trois incisions forment entre elles à peu près un triangle V, au
milieu duquel se trouve le bourgeon qui se détache facilement du rameau ( si celui-ci est suffisamment séveux ), en
appuyant le pouce sur son côté droit. Ce bourgeon ne
doit pas être vide de la partie verdâtre qui existe sous son
milieu, car alors sa reprise serait impossible ; on le dé-
tachera donc du rameau avec précaution. 2° On enlève
avec la lame du greffoir le bourgeon, mais en attaquant
le bois le moins possible, attendu que la partie boisée
ne se soude pas et que le rameau produit par le bourgeon greffé est susceptible de se séparer du sujet par un
vent un peu violent. Pour enlever l'œil de dessus le ra-

meau , on fait au dessus de sa pointe une incision transversale, et on pose la lame du greffoir à quelques millimètres au dessous de sa naissance ; comme dans le premier moyen , une partie du pétiole de la feuille est réservée ; cette partie sert à tenir le bourgeon ou l'écusson
lorsqu'il est séparé du rameau. Après cette séparation, on
introduit la spatule d'ivoire dans les incisions en T pour
séparer l'écorce, et on place l'écusson entre l'écorce soulevée et l'aubier , mais de manière à ce que les deux coupes transversales du sujet et de l'écusson coïncident parfaitement ensemble. L'opération terminée, on enveloppe
toute la plaie au moyen de laine ou d'écorce fine de Tilleul (tille), sans trop recouvrir toutefois la pointe ( bec )
du bourgeon greffé.

D. Quels sont les végétaux le plus généralement multipliés par cette greffe?

R. En général , tous les arbres à fruits à pépins et à
noyaux sont multipliés par la greffe en écusson ; ainsi ,
le Cerisier , l'Abricotier, le Pêcher , le Poirier , le Pommier et l'Amandier , beaucoup d'autres arbres et d'arbrisseaux ou d'arbustes sont propagés de la même manière.

D. Faites-nous connaître d'autres greffes.

R. Après la greffe en écusson, nous recommandons la greffe
*Lagrange*, utile pour multiplier comme pour régénérer ou
rajeunir. Elle s'exécute vers la fin de mars ; mais on a la
précaution de préparer d'avance les sujets qui doivent recevoir la partie greffée, qui, dans cette circonstance, porte
le nom de *scion*. Au mois d'octobre ou de novembre , ce
sujet est coupé horizontalement et la cicatrice enduite de
mastic au besoin ; les rameaux ou greffons sont détachés
de l'arbre destiné à être reproduit quinze jours ou trois
semaines avant de les utiliser, et, pour les conserver en
bon état, on les plante au nord dans du sable , ou on les
tient dans un lieu sombre. A la fin de mars ou les premiers jours d'avril, les scions sont taillés en lame de couteau , de manière que sur la naissance du dos de cette

lame se trouve un bourgeon, et qu'au dessus de lui il s'en trouve un ou deux autres, dont un terminal. Ainsi, la longueur totale du scion peut varier entre six ou dix centimètres. Pour le placer, on enlève une petite partie du mastic ; on rafraîchit légèrement la coupe du sujet et particulièrement celle de l'écorce qui doit être en contact avec celle du scion, si sur un des côtés de la lame et près du bourgeon on a pratiqué une petite dent pour plus de sûreté. On fait ensuite, avec le bout de la lame du greffoir, une cicatrice longitudinale et oblique ou de côté entre l'écorce et l'aubier du sujet ; cette cicatrice doit être en rapport avec la longueur et la largeur de la lame du scion et placée de manière à ce que les deux écorces coïncident ensemble ; ainsi, la lame doit être entièrement cachée et le dos seul visible. Si le sujet est gros et fort, il peut recevoir plus d'une greffe ; toutefois, un trop grand nombre est nuisible. Enfin on ligature avec de la laine ou de l'écorce fine de Tilleul (tille), et on mastique au besoin. Pour préserver la greffe du hâle ou des rayons du soleil, on l'enveloppe d'une feuille de papier pliée en forme de ballon. Cette greffe est préférable à la greffe en fente, en ce que le sujet qui la porte n'est pas mutilé par une fente et qu'il faut moins de temps pour l'exécuter.

D. Comment et à quelle époque s'exécute la greffe en fente ?

R. Tout ce que nous avons dit de la greffe Lagrange s'applique à la greffe en *fente*, sauf la manière de placer le scion. Cette manière consiste à fendre le sujet par le milieu de la coupe, que celle-ci soit horizontale ou oblique, et à introduire le scion dans la fente ; faire en sorte que les écorces de l'un et de l'autre se rencontrent, chose facile à obtenir en inclinant très légèrement le scion sur la coupe du sujet. Si celui-ci est gros, il faut pour le fendre un fort instrument tranchant, un maillet pour le forcer à fendre et un coin pour tenir la fente ouverte.

D. Vous avez parlé de la greffe en couronne ; dites ce que vous en pensez.

R. La greffe en *Couronne* diffère de la greffe Lagrange en ce qu'elle se pratique plus tardivement ; il faut en effet que la sève soit déjà bien en mouvement pour permettre à l'écorce du sujet de se détacher de l'aubier. Cette séparation s'obtient en fendant longitudinalement l'écorce au moyen du greffoir ou de la serpette , en la soulevant avec la spatule ou un coin de bois, et en introduisant dans l'ouverture le scion taillé en bec de flûte et muni d'une petite dent placée au dessus de la naissance de la taille et opposée au bourgeon ; cette dent sert d'appui au scion et permet au bec d'être plus mince et par conséquent de moins écarter l'écorce.

D. Ne connaissez-vous pas encore une autre greffe qui se pratique au printemps?

R. Une greffe qui se pratique au printemps et toujours avec les mêmes conditions que les précédentes , c'est la greffe *Anglaise*. Elle consiste à tailler le sujet et le scion en bec de flûte allongé , à les fendre longitudinalement sur le milieu de leur coupe et à introduire la dent du scion dans la fente du sujet ( deux doigts de chaque main introduits les uns dans les autres figurent très bien la forme de cette greffe ). Si les deux petites languettes qui dépassent de chaque côté sont trop longues , on en coupe les extrémités ; on a soin, comme toujours, de faire rencontrer les écorces et de choisir des scions à peu près de la même force et de la même grosseur que les sujets , bien qu'on puisse placer deux greffes sur le même lorsqu'il est gros. Un arbre greffé de cette manière ne paraît pas l'avoir été deux ou trois années après l'opération.

D. Quelles sont ces greffes qui servent à unir et marier dont vous avez parlé plus haut?

R. Ces greffes se nomment greffes par approche ; on en compte plusieurs sortes ; nous ne parlerons que de quelques unes, et toujours des plus utiles et des plus simples. *La greffe par approche herbacée* se pratique pendant la belle saison ; elle a pour but de remplir un vide laissé par

un bourgeon qui ne s'est pas développé ou par une branche qui s'est éteinte. Un courson, par exemple, de Pêcher
meurt ou est enlevé par accident ; on le remplace par un
des rameaux de celui qui le précède. Lorsque ce rameau
a atteint une longueur de trente-cinq à quarante centimètres, on fait une incision, au moyen d'une petite gouge,
dans l'écorce où on veut obtenir le courson ; cette entaille
ne doit pas être plus large que le diamètre du rameau,
et sa longueur ne dépassera pas celle de deux centimètres.
On fait sous le rameau une cicatrice de même largeur
et de même longueur qu'on applique sur la première ; on
a préparé deux petits morceaux de sureau refendus, l'un
est placé sur le rameau couché et l'autre dessous la
branche de l'arbre, puis on attache. Lorsque la soudure est
assurée, on commence le sevrage, c'est-à-dire qu'on commence à couper la moitié du diamètre du rameau à quelques millimètres au dessous de la place où il est soudé ;
quelques jours après, on achève la coupe, et on le taille sur
le bourgeon ou le rameau le plus rapproché de sa naissance ; nous disons ou le rameau, car il est rare qu'il ne
s'en soit pas développé un sur la courbe ; enfin on enlève
la ligature, et on applique du mastic, si on craint la gomme
ou un accident.

Cette greffe est aussi employée, soit pour unir deux
ou plusieurs individus ensemble, soit pour faire porter
des fleurs doubles à un sujet qui n'en porte que de simples.
Nous supposons, par exemple, de jeunes Poiriers plantés
près les uns des autres : pour les unir, on les incise à la
même hauteur, de manière que les deux incisions, qui
sont exactement les mêmes en largeur et en diamètre, se
regardent ; on rapproche les deux sujets, on applique incision contre incision, puis on ligature. Dans cette circonstance, les incisions peuvent avoir un diamètre d'un centimètre environ et une longueur de trois à quatre ; mais
elles ne doivent pas attaquer trop fortement l'aubier. Pour
obtenir des fleurs doubles sur un sujet qui n'en porte que

de simples, on fait au dessous de sa tête, c'est-à-dire de ses premières branches, une incision en rapport avec celle qu'on pratique sur l'un des rameaux de l'individu à fleurs doubles ; on applique les incisions l'une contre l'autre, et on ligature. Après s'être assuré de la reprise ou de la soudure, on procède au sevrage de la greffe et à la décapitation du sujet, mais alternativement, comme pour la greffe du Pêcher : aujourd'hui une demi-coupe à chacun d'eux, et quelques jours après la coupe entière. Enfin, avec la greffe en approche, on peut former des haies pour ainsi dire d'une seule pièce, des berceaux dont toutes les parties de la voûte sont soudées entre elles et une multitude d'individus aussi bizarres que curieux.

D. Quelles sont les autres qui servent à remplir les vides qu'on remarque sur les arbres et à obtenir du fruit en abondance dans un court espace de temps ?

R. *La greffe de côté Richard et la greffe Colombé* servent aussi à remplir les vides. La première consiste à tailler en bec de flûte la base d'un scion, à faire une incision en forme de T à l'écorce du sujet et à y introduire la greffe. La seconde est très simple : pour l'exécuter, on choisit un bourgeon bien constitué sur un rameau, on l'enlève avec la lame du greffoir et avec le moins de bois possible ; ce bourgeon détaché ressemble à celui qui est employé pour la greffe en écusson, avec la différence qu'on le taille en biseau ou en dent à sa base et non au dessus de la pointe. On pratique, dans l'écorce du sujet, et sans entamer l'aubier, une petite entaille horizontale oblique, suffisamment longue et large pour pouvoir cacher le bourgeon ; on soulève l'écorce entaillée en forme de languette, et on y place la greffe. Si le bourgeon est trop gros et qu'il soulève fortement la languette, on la fend par le milieu de sa longueur ; de cette manière le sommet du bourgeon se trouve dégagé, et ses côtés seuls sont couverts par les deux parties de la languette. La *greffe Richard* se pratique au mois d'août ; l'autre peut se pratiquer à la même époque ou aux mois de mars et d'avril.

Pour obtenir du fruit d'un arbre qui n'a pas encore été greffé ou d'un qui est très vigoureux et peu productif, on fait usage de la *greffe Girardin* modifiée par M. Luizet. Cette greffe consiste à choisir sur un arbre très fertile des dards, des lambourdes ou des extrémités de rameaux portant des bourgeons à fleur, de les tailler en bec de flûte et de les placer sous l'écorce incisée en T. On taille sur un bourgeon à bois placé à la base de la greffe, de manière que lorsqu'elle est placée son sommet se trouve écarté du sujet. Pour obtenir des résultats favorables au moyen de cette greffe, qu'on exécute ordinairement dans la première quinzaine de septembre, mais qui peut réussir vers la fin de mars ou le commencement d'avril, il faut savoir distinguer les bourgeons à fleur bien constitués d'avec ceux qui ne le sont pas entièrement, savoir les placer convenablement, un peu de côté, sur les branches les plus vigoureuses et non pas sur le tronc, à moins qu'il ne soit jeune et dénudé. Enfin, il faut être prudent et modéré ; un trop grand nombre de greffes serait plus nuisible à l'arbre qu'utile. Nous ferons remarquer que cette greffe force un arbre stérile à donner plus tard son propre fruit, attendu que la sève, qui est obligée de nourrir tous ceux qu'on a imposés, se trouve considérablement diminuée, et qu'alors l'arbre a perdu sa grande vigueur.

### DE LA BOUTURE.

D. Qu'entend-on par bouture, et combien en distingue-t-on de sortes ?

R. La bouture est cette partie d'un végétal qui, séparée de l'individu, est destinée à en reproduire un semblable. La branche de saule nouvellement coupée et plantée en terre humide est une bouture qui ne tarde pas à devenir un autre saule ; le sarment de la vigne est encore une bouture qui, après un assez long voyage, est propre à devenir un nouveau cep. On en compte plus de trente sortes, les unes destinées à multiplier les végétaux par leurs parties souterraines, telles que racines, caïeux, écailles, etc.; les autres par leurs parties aériennes, telles que rameaux, bourgeons, feuilles, etc.

D. Toutes les boutures s'exécutent-t-elles de la même manière ?

R. Les végétaux présentant entre eux de très grandes différences d'organisation et de structure, naissant sous des zônes très opposées, il en résulte qu'ils ne peuvent pas tous être bouturés de la même manière. La plupart des arbres, arbustes et arbrisseaux à feuilles caduques qui végètent dans notre département, peuvent être bouturés vers la fin d'octobre à l'air libre. Leurs rameaux, taillés horizontalement sous un bourgeon et plantés dans une terre fraîche et légère, à une exposition ni trop chaude ni trop ventée, émettent des racines; on les plante à quelques centimètres de profondeur, et on les taille sur deux ou trois bourgeons après la plantation. Quelques espèces veulent être plantées assez profondément : le Saule, le Mûrier, le Coignassier, le Peuplier, etc., sont de ce nombre. Les plantes vivaces, herbacées ou sous-frutescentes (peu ligneuses), celles qui viennent des pays chauds, se bouturent sous cloche, sur couche tiède ou chaude et sous châssis, en très petits pots (godets), en pépinière en pot, ou en pépinière en planche ; on les enfonce en terre depuis deux jusqu'à dix centimètres; enfin, les feuilles qu'on bouture de la même manière ne sont enfoncées en terre qu'à une profondeur qui varie entre deux et vingt millimètres.

D. Citez-nous quelques végétaux le plus particulièrement bouturés ?

R. Les graines de plusieurs plantes potagères ne reproduisent pas toutes des sujets aussi bons que celui qui les a données; l'*Artichaut* en est un exemple. Or, pour multi-

plier à l'infini une bonne variété d'Artichauts, on est obligé
de la bouturer. Cette plante pousse sous terre des bourgeons qu'on nomme œilletons. On les coupe avec une
petite portion de la grosse racine qui leur a donné naissance, on les laisse pendant quelques heures à l'air libre
pour que la plaie se cicatrise, et on les plante, soit au
printemps, soit à l'automne, dans une terre plutôt
sèche qu'humide. Quelques variétés de *Persil* se bouturent
de la même manière. Les horticulteurs-fleuristes bouturent ainsi plusieurs plantes de serre dont ils activent la
reprise par une douce chaleur souterraine : tels sont les
*Ananas*, les *Billbergia*, les *Pitcairnia*, etc., etc. Cette sorte
de bouture se nomme *bouture par œilletons*. Lorsqu'à la
fin de l'automne ou à la fin de l'hiver on confie au sol de
petits tubercules ou des fragments de tubercules de la
pomme de terre, on fait une bouture qui porte le nom de
*bouture de tubercules*. Les Topinambours, les Patates, les
Ignames se multiplient par bouture de tubercules. Le
rameau d'un an d'un Rosier peut être coupé en quatre
parties s'il a trente centimètres de longueur, et chaque
partie, bouturée en pépinière sous châssis, peut donner un
Rosier l'année suivante. Pour réussir dans cette opération,
on coupe les boutures horizontalement sous un bourgeon
ou nœud, on enduit les plaies avec du collodium, et on
les plante en pépinière, dans une terre légère et fraîche
qu'on recouvre d'un châssis. M. Bonnet, ancien directeur
de l'enregistrement des domaines à Lyon, nous a assuré
avoir obtenu de très bons résultats en passant rapidement
les plaies inférieures et supérieures de ses boutures de
Rosier sur un morceau de fer rouge. Si on possède dans son
jardin de belles variétés d'OEillet, de Verveine, de Phlox,
de Chrysanthème, de Giroflée jaune, etc., on les propage
par bouture qu'on coupe toujours très nettement sous la
naissance d'une feuille (nœud). Il est important que ces
sortes de boutures herbacées ne portent pas un nombre
trop grand de feuilles ; toutefois, il ne faut pas les dénu-

der, car l'expérience a démontré que le retranchement complet de cet organe était aussi vicieux que la trop grande quantité. La bouture ainsi préparée est plantée dans un petit pot (godet) large de trois centimètres et d'une profondeur à peu près égale à son diamètre, rempli de terre légère, telle que du terreau ou de la terre de bruyère qu'on tient recouverte d'une cloche et convenablement chaude, humide et ombrée. Lorsque la bouture est enracinée, ce qu'il est facile de connaître en la dépotant, on commence à lui donner un peu d'air en retenant la cloche soulevée d'un côté, puis enfin on sort la cloche entièrement lorsqu'une végétation plus active se fait remarquer. A mesure que la plante grandit, on la place dans des vases un peu plus grands, mais toujours progressivement. Ainsi, du godet de trois centimètres on passe à celui de six, de celui de six à celui de dix, et ainsi de suite. S'il s'agit de bouturer quelques végétaux à bois dur de serre, il faut couper la bouture entre la terminaison de la poussée de l'année dernière et la naissance de la poussée de l'année présente; de cette manière la base de la bouture ne se trouve ni trop dure ni trop molle, et sa reprise est plus certaine.

D. N'y a-t-il pas un moyen pour activer la reprise d'une bouture autre que celui d'une chaleur factice?

R. Pour activer la reprise d'une bouture, on garnit le godet de charbon de bois pilé au tiers environ de sa grandeur; ce procédé active tellement le développement des racines, que, dans très peu de temps, elles sont susceptibles de garnir les parois du vase.

D. Quel est le temps le plus favorable pour faire des boutures?

R. Nous l'avons déjà indiqué pour les arbres à feuilles caduques qui vivent sous notre latitude. Le mois de mars est assez favorable pour bouturer les végétaux de serre froide et d'orangerie. Les boutures de plantes grasses, qui s'enracinent pour ainsi dire en les exposant simplement sur le sol, s'effectuent lorsque la température monte à quinze ou vingt degrés et que l'air est sec. On bouture les plantes de serre chaude vers la fin de juin; on les expose sur des couches chaudes et sous des châssis pour les priver du grand air et d'une trop grande lumière. Enfin les plantes vivaces à tiges molles, de pleine terre et de serre, peuvent se bouturer à peu près pendant toute la belle saison, et même à la fin de l'hiver si elles sont placées dans une serre convenablement chauffée. Le dahlia, par exemple, se bouture dès la fin de janvier. À cet effet, les tubercules sont plantés en pépinière sur couche et sous vitraux; bientôt leurs bourgeons radicaux se développent pour donner naissance à de petits rameaux qu'on coupe sous une feuille lorsqu'ils ont atteint sept à huit centimètres de hauteur. On les plante en terre légère dans de petits godets qui plongent dans du tan convenablement chauffé, et on les couvre de cloches qu'on tient ombrées jusqu'à la reprise.

D. Puisque vous avez parlé de plantes grasses, dites-nous si elles ne réclament pas un soin particulier avant de les bouturer.

R. Si, en général, on doit planter les boutures autant que possible aussitôt qu'elles sont coupées, il n'en est pas de même de celles des plantes grasses; car, avant d'opérer, il faut les laisser plus ou moins de temps exposées à l'air dans un endroit peu éclairé, afin que leurs plaies se cicatrisent à l'extérieur.

D. Indiquez sommairement les soins que réclament les diverses sortes de boutures.

R. Pour les planter, on se sert de plantoirs proportionnés à la grosseur de leur diamètre, afin qu'en les enfonçant dans la terre, leur écorce n'éprouve ni déchirure ni froissement sur aucune de ses parties. On presse un peu la terre autour de la bouture pour empêcher l'évaporation; si elle est feuillée, il sera bon de lui donner un arrosage après sa mise en place, de la tenir ombrée et recouverte d'une cloche jusqu'à sa reprise, et ensuite de l'habituer graduellement à l'influence de la lumière et de l'air. Les boutures privées de feuilles ont rarement besoin d'arrosage ; toutefois, il est bon que la terre soit pourvue d'une humidité suffisante pour que la bouture ne se dessèche pas avant sa reprise.

## DE LA MARCOTTE.

D. Quelle différence existe-t-il entre une bouture et une marcotte ?

R. Bouturer, comme nous l'avons dit, c'est détacher une partie d'un végétal pour en refaire un végétal semblable ; marcotter, c'est forcer des rameaux, des branches et des ramilles, attachés à leur tronc ou leur souche, à pousser des racines pour qu'ils puissent former de nouveaux individus lorsqu'ils sont séparés de leur mère. Un sarment couché dans une preuve est une marcotte. Les filets des Fraisiers qui s'implantent près de leur mère sont encore des marcottes.

D. Compte-t-on beaucoup de sortes de marcottes et comment procède-t-on à l'exécution des plus usitées ?

R. Le nombre des marcottes est comme celui des greffes et des boutures, c'est-à-dire qu'il est considérable. Beaucoup de végétaux produisent des marcottes naturelles, telles que le stolon de la Fraise, que nous venons de citer ; l'œilleton de l'Artichaut, s'il est séparé de sa mère avec des racines ; les drageons de certains arbres sous de certaines plantes qui tracent à quelques centimètres sous terre et se terminent par une tige, etc. Plusieurs se prêtent difficilement à l'opération du marcottage, et le plus grand nombre se laissent multiplier par ce procédé. Pour faire une marcotte de vigne, on creuse une fosse de trente-cinq à quarante centimètres de profondeur et de largeur, dont la longueur est déterminée par la place que doit occuper le nouveau cep ; on garnit cette fosse de vieux fumier, de mottes, de gazon ou de terreau; on incline le cep et on couche le sarment dans le milieu de la fosse, qu'on rebouche en partie avec les mêmes substances mélangées de terre; l'extrémité du sarment est maintenue verticalement, et taillée sur les deux bourgeons les plus rapprochés de la terre. Lorsqu'on est assuré que ce sarment s'est enraciné, on le coupe près de sa naissance, puis on le cache entièrement dans la fosse, qu'on achève de combler.

Si on veut obtenir d'une souche de coignassier plusieurs sujets propres à recevoir des greffes, on coupe sa tige principale à dix ou douze centimètres du sol; bientôt sur le collet de cette tige naissent de nombreux rameaux; l'année suivante ou à l'automne, on couvre de terre la base de ses rameaux, qui ne tardent pas à s'enraciner et à devenir des marcottes. Ce moyen est également employé pour d'autres végétaux, tels que le *Pommier Paradis*, l'*Althœa frutex*, le *Vitex agnus castus*, etc.; il est nécessaire, pour ces deux derniers, de pratiquer une incision demi-circulaire à la base de la tige, où on désire faire naître des racines.

Veut-on que toutes les ramifications d'un arbuste deviennent autant de jeunes sujets, alors on pratique autant de petites fosses qu'il y a de ramifications; chaque fosse reçoit sa marcotte qu'on recouvre de terre, sauf l'extrémité qui reste à l'air libre; si les ramifications sont fortes et font élastique, on les fixe dans la fosse au moyen de petits crochets en bois qu'on enfonce en terre; dans le cas où l'écorce est épaisse, on fait des incisions annulaires ou demi-circulaires. Une fois les ramifications enracinées, on procède à leur sevrage en coupant leur base aujourd'hui à moitié ou un tiers, quelques jours après l'autre moitié ou un autre tiers seulement, et enfin le dernier tiers.

L'œillet se marcotte assez facilement; après sa floraison, on débarrasse tous les petits rameaux qui naissent sur le collet de la plante de leurs feuilles mortes, avec la précaution de ne pas faire de lésions; on entoure la plante de bonne terre légère et douce ; on fait d'abord avec la lame du greffoir une incision horizontale, immédiatement sur la naissance d'un nœud, et qui pénètre jusqu'au milieu de la tige ; ensuite, sans sortir la lame de cette incision, on en fait une autre longitudinale, de un à deux centimètres de longueur environ, toujours par le milieu de la tige et en remontant. La tige, ainsi incisée, est couchée dans la terre légère ; pour tenir l'incision légèrement entr'ouverte, on y place un brin de paille, et, afin que la tige ne puisse se relever, on la maintient fixée au sol au moyen d'un petit crochet de bois ; si la terre se dessèche, on arrose pour la tenir fraîche, mais jamais trop mouillée. Le sevrage des marcottes d'œillets exige beaucoup de soins et beaucoup de précautions, car les racines de cette plante sont excessivement délicates, et la moindre froissure ou rupture lui porte un grand préjudice.

D. Si vous avez à faire à des plantes sarmenteuses, comment les marcottez-vous ?

R. Les plantes sarmenteuses se marcottent avec une grande facilité, et chaque rameau très long peut fournir un assez bon nombre de marcottes. Supposons, par exemple, une variété de vigne nouvelle et précieuse, qu'on veut multiplier promptement afin d'en tirer le plus grand profit possible : on incline le cep, on courbe le sarment dans une petite fosse large et profonde de quinze à vingt centimètres et longue de trente ; on comble de terre, et on redresse l'extrémité du sarment, qui continue à pousser pendant qu'il s'enracine ; lorsqu'il a atteint une certaine longueur, on creuse une nouvelle fosse semblable à la première et à quelques centimètres au dessus d'elle ; on arque le sarment, et on le place comme dans la première opération. En continuant de cette manière, on peut obtenir dans le courant de l'année plusieurs barbues avec le même sarment. On multiplie ainsi les *Chèvre-feuilles*, le *Jasmin officinal*, les *Clématites sarmenteuses*, les *Glycines*, etc. Cette sorte de greffe, qu'on nomme en *serpenteau*, se fait au printemps ou à l'automne.

Pour obtenir plus promptement l'incision des racines d'une marcotte, on fait usage des incisions annulaires, demi-annulaires, et des étranglements; ces opérations déterminent la formation de bourrelets desquels naissent des mamelons propres à devenir des racines. Les incisions et les étranglements sont mis en usage dans le marcottage en rameaux couchés et verticaux, dans le marcottage en *pot fendu* ou en *entonnoir*. Les unes se pratiquent avec le greffoir ou tout autre instrument bien tranchant, les autres avec des ligatures. Pour faire une incision annulaire (en forme d'anneau), on coupe horizontalement toute l'écorce d'une branche jusqu'à l'aubier, et sur une largeur qui varie, suivant la nature du sujet, entre un et trois millimètres; l'incision demi-annulaire se pratique de la même manière, mais on n'attaque que la moitié de la circonférence du sujet. On peut faire deux incisions demi-annulaires opposées, mais sans se rencontrer, comme on en peut faire deux annulaires près l'une de l'autre. En cernant le sujet au moyen de ligatures, on opère l'étranglement; mais il faut que les ligatures soient appropriées à sa nature, à l'espace de temps qu'il emploie à s'enraciner, à la difficulté qu'il met à reprendre. Ainsi, à tel individu dont l'écorce est molle, souple et délicate, un simple lien en jonc suffit; tandis qu'à tel autre dont l'écorce est rude et boisée, il en faut un en fil de fer ou en fil de laiton.

D. Qu'entend-on par marcottage en pot fendu et en entonnoir ?

R. Ce mode de marcotter consiste à faire choix d'une branche verticale, de l'introduire dans la fente pratiquée sur un des points de la circonférence d'un pot, de fixer celui-ci sur un piquet surmonté d'une petite planchette, de placer un morceau de brique sur la fente à l'intérieur du pot, et de le remplir de terre légère, qu'on tient suffisamment humide. L'entonnoir est tout simplement une feuille de plomb ou de fer-blanc qu'on taille en triangle, dont un côté est rogné et qu'on roule en forme de cornet ; il remplit le même but que le pot fendu , mais il ne conserve pas l'humidité aussi longtemps.

D. Quel moyen peut-on employer pour entretenir la terre de la marcotte dans une humidité convenable?

R. Dans la crainte d'arroser trop ou pas assez , dans la crainte d'un oubli, on suspend au-dessus du vase ou du cornet une fiole à petit goulot pleine d'eau , dans laquelle on fait plonger un des bouts d'une mèche de coton filé et on fixe l'autre bout perpendiculairement sur la marcotte : l'eau attirée par la mèche tombe lentement goutte à goutte sur la terre et la tient suffisamment humectée.

D. Quelle différence existe-t-il entre les végétaux obtenus de semences et ceux qui sont multipliés par procédés de greffes , de boutures et de marcottes ?

R. Par ces trois moyens artificiels de multiplication, on obtint plus promptement un végétal capable de produire des fleurs et des fruits que par le semis , et on conserve sans altération certaines variétés que la graine ne reproduit pas ; mais tous les végétaux obtenus par ces moyens sont moins robustes et vivent en général moins longtemps que ceux qui sont reproduit par la graine.

# QUATRIÈME PARTIE.

## De la taille des arbres fruitiers.

### NOTIONS PRÉLIMINAIRES.

D. Pourquoi soumet-on les arbres fruitiers à la taille?

R. On taille les arbres fruitiers pour plusieurs raisons : 1° pour qu'ils occupent une place moins spacieuse que celle qu'ils occuperaient s'ils étaient livrés à eux-mêmes, ce qui permet, par conséquent, de pouvoir cultiver sur

une petite étendue un plus grand nombre d'espèces ;
2° pour leur faire porter annuellement et abondamment
des fruits plus beaux et plus savoureux ; 3° pour les maintenir dans un état de vigueur régulier ; 4° et enfin pour
leur donner une forme gracieuse et agréable.

D. On comprend qu'un arbre taillé occupera une plus
petite place que celui qui ne l'est pas ; mais comment entendez-vous cette production annuelle et abondante, et
cet état de vigueur régulier ?

R. Les bourgeons intérieurs d'une branche qui n'est
pas taillée s'éteignent insensiblement, et cette partie de
la branche se dénude et devient stérile, tandis que, si cette
branche est soumise à la taille, tous ses bourgeons se développent, et elle se garnit de rameaux à fruit dans toute
son étendue. En second lieu, l'arbre non soumis à la taille
rapporte du fruit plutôt petit que gros, et cela toujours
d'une manière très irrégulière ; il est vrai que, quand il
rapporte, son produit est souvent prodigieux ; mais celui
de l'arbre taillé est plus gros, la fructification est plus
égale et plus régulière, parce qu'en taillant les rameaux
à bois et les rameaux à fruit surabondants, on réserve
une plus grande quantité de sève, d'abord pour les fruits
conservés, et ensuite pour la production d'autres bourgeons destinés à donner l'année suivante de nouvelles
ramifications à fruit et à bois. Enfin les branches de l'arbre
non taillé ne présentent aucune régularité entre elles ; on
en voit quelques unes s'étendre d'une manière prodigieuse et quelques autres s'épuiser en très peu de temps,
se dessécher et périr. Le contraire se fait remarquer sur
l'arbre taillé ; toutes les branches de même âge ont la
même force, la même longueur ; toutes sont placées de
manière à laisser pénétrer dans l'intérieur de l'arbre l'air,
la lumière et la chaleur.

D. Que doit faire le tailleur d'arbres avant de mettre la
main à l'œuvre ?

R. Comme la taille est basée sur le mode de végétation propre à chaque espèce d'arbre, il devra examiner avec soin comment il pourra répartir et distribuer également la sève sur toutes les parties de l'arbre, afin que les rameaux puissent croître d'une manière égale entre eux et que les fruits puissent acquérir toutes les qualités dont ils sont susceptibles; il devra consulter la nature du sujet sur lequel est greffé l'arbre, la fertilité de celui-ci, le sol et, enfin, l'exposition; ensuite il dépalisse l'arbre s'il est en espalier, mais partie par partie et non tout à la fois.

D. La taille comprend-elle plusieurs opérations?

R. La taille comprend : 1° la suppression des rameaux et des branches avant le développement des feuilles : c'est ce qu'on nomme taille d'hiver; 2° l'éborgnage des bourgeons inutiles et mal placés; 3° le pincement des jeunes rameaux qui poussent; 4° l'ébourgeonnage; 5° le palissage; 6° l'effeuillage, la taille en vert; 7° la suppression des fruits. Ces six dernières opérations constituent la taille d'été.

D. Y a-t-il plusieurs sortes de taille?

R. L'ignorance des véritables principes de la taille a pu faire croire qu'il y en avait autant de sortes qu'on pouvait imaginer de sortes de formes d'arbre; mais en réalité il n'y a qu'une seule taille, basée, comme nous venons de le dire, sur la marche particulière de la végétation.

D. Quel est le moment le plus favorable pour tailler les arbres fruitiers ?

R. On peut tailler les arbres fruitiers depuis le moment où ils perdent naturellement leurs feuilles jusqu'à celui où les bourgeons commencent légèrement à gonfler; mais il est cependant une époque que l'on doit préférer à tout autre; cette époque est celle qui suit les grands froids. Ainsi la fin de février, lorsque le temps le permet, est un moment très propice; toutefois, il ne faut pas perdre de vue que les arbres maigres et épuisés doivent être taillés de bonne heure, et que les arbres d'une grande vigueur et peu productifs doivent être taillés aussi tard que possible.

D. Expliquez-vous sur ces différences d'époques.

R. En taillant de bonne heure l'arbre languissant, on le prédestine à recouvrer des forces, car, vers le moment de la chute des feuilles, la sève s'épaissit et ne circule que faiblement; alors l'arbre cesse de croître. Or donc, en supprimant ses rameaux à cette époque, on ne l'altère pas; mais, si on attend que la sève reprenne son mouvement actif et qu'on la laisse se jeter sur les rameaux à supprimer, on causera, par conséquent, une perte d'autant plus considérable qu'elle diminuera encore des forces déjà trop faibles. On comprend qu'il faudra agir en sens inverse vis-à-vis de l'arbre trop vigoureux, afin de lui faire perdre une partie de cette vigueur qui nous prive parfois trop longtemps du plaisir de jouir de ses productions.

D. Mais, au mois de février, cette sève épaissie, dont vous venez de parler, n'a pas encore repris son activité. Ne pourrait-on pas attendre ce mois pour tailler l'arbre languissant? car, en le taillant avant l'hiver, la coupe des rameaux n'est-elle pas exposée à l'humidité, à l'air et à l'action de la gelée?

R. L'amateur qui a le loisir et qui ne possède qu'un petit nombre d'arbres agirait fort sagement de ne tailler qu'après les froids tel arbre faible et peu vigoureux; mais celui qui cultive beaucoup n'a pas toujours la faculté de choisir les moments; alors, pour ne pas perdre de temps, il commence à tailler en novembre tous les arbres languissants, et, pour prévenir les suites fâcheuses que pourrait déterminer l'action de l'air, de l'humidité et de la gelée, il a la précaution de mastiquer toutes les plaies, particulièrement les plus fortes et celles qui sont le plus exposées aux influences dangereuses; il a le soin aussi de ne jamais tailler par un temps de pluie et de gelée.

D. Quels sont les instruments nécessaires pour pratiquer la taille?

R. Le meilleur des instruments est la serpette. Celle-ci

doit avoir une lame dont la courbe ne soit ni trop faible ni trop forte, afin que la section soit facile à opérer ; trop droite, la lame coule ; trop courbée, elle casse au lieu de couper. On se sert aussi du sécateur ; mais cet instrument est souvent fort dangereux lorsqu'il est placé dans des mains inhabiles, attendu qu'il occasionne des lésions et des déchirures sur l'écorce, qu'il mâche et qu'il écrase au lieu de couper. Toutefois, on peut l'utiliser pour activer l'ouvrage, mais avec la précaution de tenir toujours le croissant, c'est-à-dire la lame qui ne coupe pas, du côté du ciel. Le tailleur aura encore à sa disposition une petite scie à main, nommé égohine, dont les dents soient suffisamment espacées et dont le dos soit mince ; des dents trop rapprochées se remplissent trop facilement de sciure, et le dos trop épais empêche la lame de glisser avec facilité. Toutes les fois qu'on se sert de la scie pour couper une branche, petite ou grosse, il faut effacer avec un instrument bien tranchant toutes les traces des dents et enduire les plaies avec du mastic à greffer.

D. Comment doit-on tenir le rameau qu'on se propose de tailler, et comment opère-t-on la suppression ?

R. Il faut le tenir à pleine main et appuyer le pouce sous le bourgeon sur lequel on veut asseoir la taille ; ensuite on présente la lame du côté opposé à ce bourgeon et juste à la hauteur du point où il est né ; on coupe de manière à former une plaie en biseau qui vient se terminer à l'extrémité du bourgeon.

D. Qu'arrive-t-il si on coupe plus bas que la naissance du bourgeon ou trop au dessus de son extrémité ?

R. Dans le premier cas, la plaie se cicatrise mal, et le bourgeon, ne se trouvant pas suffisamment appuyé, peut sinon s'éteindre, du moins pousser très peu ; s'il pousse, le moindre choc peut le faire tomber ; dans le second cas, la partie laissée trop longue au dessus du bourgeon se dessèche et forme un chicot sec qu'il faut retrancher l'année suivante. Il résulte en outre que le bourgeon, au lieu de suivre la ligne droite en se développant, décrit presque toujours une ligne très courbe, parfois un angle obtus, ce qui est fort disgracieux et empêche la sève de circuler librement.

D. La coupe, telle que vous la recommandez, produit-elle les mêmes résultats sur tous les arbres fruitiers soumis à la taille ?

R. L'expérience a démontré qu'une coupe pratiquée un peu au dessus du sommet du bourgeon (trois ou quatre millimètres) est plus avantageuse pour certaines variétés que lorsqu'elle est terminée juste au niveau de ce sommet. Ainsi les rameaux de l'année du poirier Suzette de Bavay se détachent facilement, malgré la coupe pratiquée dans les règles, et cette séparation n'a pas lieu lorsque la coupe a été opérée un peu au dessus du bourgeon. Un certain poirier qui a été vendu sous le nom de Parfum d'hiver, mais dont nous ne connaissons pas le fruit, se trouve dans le même cas ; ses rameaux, qui sont du reste très gros, se détachent de leur point d'adoption avec une très grande facilité.

D. Vous avez parlé de véritables principes de la taille : veuillez les faire connaître.

R. La sève cherche toujours à se porter vers le sommet de la tige de l'arbre. Or, lorsqu'on soumet cet arbre à la taille et qu'on lui impose une forme qui n'est pas la sienne, c'est-à-dire qu'on le force à se plier à notre volonté, il est important d'employer des moyens : 1° pour changer la destination naturelle de la sève, afin de la diriger sur les points où on a besoin d'entretenir des ramifications ; 2° pour maintenir un équilibre parfait sur toutes ces ramifications. Si on néglige ces moyens, les ramifications supérieures de l'arbre prennent un accroissement considérable ; celles de la partie inférieure languissent et se dessèchent ; l'arbre, en un mot, prend son développement naturel, et le but proposé est manqué.

4.

D. Quels sont les moyens qu'il faut employer pour forcer la sève à se porter d'une manière uniforme sur toutes les ramifications d'un arbre soumis à la taille, ou, pour mieux dire, comment faut-il s'y prendre pour contrarier la sève dans ses mouvements naturels ?

R. Ces moyens sont nombreux : les uns s'exécutent à la taille d'hiver, les autres sont du ressort de la taille d'été. Ainsi, par exemple, les rameaux vigoureux qui naissent à la partie supérieure de la tige d'une pyramide seront taillés courts ( la tige exceptée ), et les rameaux faibles de la partie inférieure seront taillés longs ; de cette manière, la sève arrêtée dans la partie supérieure sera forcée de se jeter sur les branches de la partie inférieure ; alors celles-ci grossiront, sans trop s'allonger cependant, se couvriront de bourgeons à fruit, et la forme de l'arbre sera obtenue, puisqu'en effet, les branches du bas seront toujours plus longues que celles du haut, ce qui constitue une pyramide.

D. Ne dit-on pas que c'est la grande quantité de bourgeons à bois qu'on laisse sur un rameau qui attire la sève, ou, pour être plus clair, que c'est le grand nombre de feuilles qui cause cette attraction ?

R. Plusieurs auteurs distingués pensent, en effet, que la sève est attirée par les feuilles, et que plus on en prive un rameau, moins il reçoit de sève, et par conséquent moins il végète. Cependant il est reconnu que la sève fait développer des bourgeons beaucoup plus vigoureux sur un rameau taillé court que sur un rameau taillé long.

D. Alors pourquoi taillez-vous court les rameaux vigoureux de la partie supérieure de votre arbre, si une taille courte fait développer des bourgeons plus vigoureux qu'une taille longue ?

R. Il faut remarquer qu'on ne taille court qu'une partie des rameaux de l'arbre, ceux de la partie supérieure, et cela afin de les empêcher d'attirer à leur profit seulement une trop grande quantité de sève ; les bourgeons qu'ils développent sont, il est vrai, plus vigoureux que ceux qui naissent sur les rameaux taillés longs , mais ils le sont moins que si tous les rameaux eussent été taillés courts , car une partie de la sève qui leur était destinée tourne au profit de ceux des rameaux taillés longs.

D. D'après ce système, si vous taillez court tous les rameaux d'un arbre , cet arbre poussera donc plus vigoureusement ?

R. Lorsqu'un arbre est épuisé par la production trop considérable de fruit, on est obligé de le tailler court pendant une année ou deux pour rétablir sa vigueur. En le taillant court , on ne laisse à chaque rameau que deux ou trois bourgeons ; la sève alors, étant attirée à peu près d'une manière égale sur tous les points, agit aussi d'une manière presque égale sur leur développement. Dans cette circonstance , ce développement est vigoureux , l'arbre recouvre sa première vigueur, mais les bourgeons à fruit sont très rares ; ils ne deviennent abondants que lorsque les rameaux sont soumis de nouveau à une taille longue.

D. Ce principe semble établir qu'une taille très courte ne produit que des bourgeons à bois, et qu'une taille longue produit le plus souvent des bourgeons à fruit.

R. Il est clair que si la sève ne se porte que sur un ou deux bourgeons , elle les fait développer avec bien plus de vigueur que si elle est forcée de se répartir entre douze ou quinze. Dans le premier cas , la sève à peine divisée fait développer des rameaux vigoureux qui ne produisent pas des bourgeons à fruit ; dans le second , au contraire, la sève très divisée ne fait développer que des rameaux de moyenne vigueur, qui se couvrent le plus généralement de bourgeons à fruit. Ainsi donc, pour obtenir du bois, il faut tailler court, et pour obtenir du fruit, il faut tailler long. On entend par taille courte la suppression du rameau au dessus de deux ou trois bourgeons, et par taille longue celle qui est pratiquée au dessus de huit à dix, quelques auteurs disent de quinze à vingt; mais, avec une taille si longue, les bourgeons inférieurs s'éteignent souvent. Il faut donc prendre garde à ne tailler ni trop long ni trop court, à moins de circonstances exceptionnelles sur lesquelles nous reviendrons.

D. Faites-nous connaître les autres moyens employés pour diriger la sève d'une manière régulière sur les ramifications de l'arbre soumis à la taille ?

R. Si une branche pousse peu comparativement à ses voisines et qu'elle se trouve porter du fruit, il faudrait les lui enlever; car l'expérience prouve de la manière la plus évidente que le fruit absorbe une très grande quantité de sève et par conséquent épuise l'arbre. Une branche qui ne porte pas de fruit peut ne pas pousser aussi vigoureusement que les autres qui sont en face ou près d'elle. Dans cette circonstance, il faut, si l'arbre est appliqué contre un mur : 1° détacher la branche faible, lui faire prendre une direction plus oblique ou plus verticale que celle qu'elle occupe, et incliner davantage celle qui lui est opposée et qui l'emporte sur elle par la vigueur; 2° ou l'éloigner du mur et la maintenir dans une position oblique au moyen de quelques piquets qui servent à la soutenir jusqu'au moment où elle aura recouvré assez de force pour pouvoir occuper sa place habituelle; 3° ou ombrer pendant quelques jours, mais non pas complètement, les branches fortes, et procurer le plus de lumière possible aux branches faibles : s'il ne s'agissait que d'une ou de deux branches fortes, il serait à propos de les ombrer séparément au moyen de brins de paille réunis ou d'une toile grossière; 4° puis de les découvrir après quelques jours, par un temps sombre s'il est possible. On peut encore arrêter la vigueur d'une branche en pinçant l'extrémité herbacée de ses jeunes rameaux, mais cette opération demande de la prudence; car, si on les pinçait trop tôt et tous ensemble, quelques uns pourraient s'éteindre. Si on supprime aussi de trop bonne heure l'extrémité herbacée du rameau terminal, les bourgeons inférieurs de ce rameau se développent en rameaux anticipés, dont la valeur est à peu près nulle ; alors le but de l'opération n'est pas atteint. Il faudra donc pincer successivement, commencer par les plus forts, attendre que les plus faibles aient atteint le développement qu'avaient les premiers pincés, c'est-à-dire de sept à dix centimètres, et que le terminal en ait atteint au moins trente. On attendra plus tard pour pincer ceux de la branche faible, mais on agira toujours avec la même prudence. 5° La vigueur de la branche forte sera diminuée si on lui enlève de bonne heure tous les rameaux inutiles qui commencent à peine à se développer, et celle de la branche faible sera augmentée si on retarde sur elle cette suppression. 6° En palissant très près du treillage et de bonne heure les ramifications de la branche forte, on diminue sa vigueur ; en faisant le contraire de ceux de la branche faible, on augmente la sienne. 7° Enfin, on forcera une branche faible à prendre de la force, en pratiquant au dessus de sa jonction avec le tronc un *cran* en forme de voûte, avec la précaution de faire cette cicatrice d'un à deux millimètres d'épaisseur et de ne pas attaquer le bois ; le même cran fait en sens inverse, au dessous de la naissance d'une branche forte, arrête la vigueur de celle-ci. Quelques légères incisions longitudinales, pratiquées avec précaution dans l'écorce de la branche faible, activent la circulation de la sève et favorisent son développement, si toutefois l'état maladif de l'écorce de cette branche est la cause du ralentissement de la sève ; car, si cette écorce était saine, lisse et sans gerçures, les incisions seraient inutiles.

D. D'après tout ce que vous venez de dire, il semblerait que plus on chagrine un arbre, moins on favorise son développement ; expliquez-vous à ce sujet.

R. Toutes les fois que la sève est dérangée dans ses

mouvements, la végétation diminue ; toutes les fois, au contraire, que ses mouvements sont favorisés, la végétation augmente. Supposons, par exemple, un arbre avec dix branches, dont cinq faibles et cinq vigoureuses : supposons aussi que les faibles portent chacune vingt fruits et que les fortes en portent cinq : si on laisse les fruits aux faibles, elles s'affaibliront encore davantage ; mais si, au contraire, on les leur sort, et qu'on laisse ceux aux fortes, les faibles deviendront fortes et les fortes s'affaibliront à leur tour ; dans ce cas, les fruits attirent à eux la presque totalité de la sève, et l'arbre pousse peu. Lorsqu'on force une branche forte à prendre une direction qui n'est plus celle qui lui est naturelle, qu'on la courbe ou qu'on l'incline, elle cesse de pousser, parce que la courbure et l'inclinaison arrêtent la sève ; la branche faible qu'on a redressée prend de la force, attendu qu'elle est alimentée par une sève abondante qui a abandonné les parties courbées pour se jeter sur les parties verticales, sur lesquelles elle se porte de préférence aux autres. En tenant une branche forte à l'ombre pendant quelques jours, soit en la rapprochant du mur, soit en la couvrant de paille ou de toile, on empêche les rayons de la lumière de se porter sur elle et par conséquent de végéter, puisque la lumière est un agent indispensable à la circulation de la sève.

## DU PALISSAGE.

D. Pourquoi palisse-t-on les arbres ? quand et comment les palisse-t-on ?

R. On palisse les arbres pour leur donner une tournure agréable, en forçant chacune de leurs branches à se maintenir dans une position régulière, et pour entretenir un juste équilibre sur toutes leurs parties. On commence le palissage immédiatement après la taille, et on le continue jusqu'après la récolte du fruit. La première opération consiste à fixer les branches charpentières à la place qu'on leur assigne ; on commence par celles du bas. Si une d'elles menace de devenir plus forte que les autres, on l'attache plus étroitement, et on l'incline davantage, afin de diminuer la trop grande quantité de sève qu'elle attire ; toutes doivent être dressées de manière à ce qu'on n'aperçoive aucune sinuosité sur toute leur longueur, attendu que les sinuosités sont d'un aspect désagréable et que chaque courbe qu'elles forment peut attirer une sève abondante sur les productions qui s'y trouvent, ce qui devient fort embarrassant pour l'horticulteur.

Après que toutes les branches principales sont maintenues par des liens d'osier aux liteaux appliqués contre les murs, on procède au palissage des petites branches à fruit : on les fixe plus ou moins obliquement, selon leur force et leur conformation, car il ne faut jamais perdre de vue la répartition de la sève. Cette première opération se nomme *palissage en sec*. Le *palissage en vert* consiste à attacher avec du jonc ou de l'écorce de tilleul toutes les productions utiles qui se développent pendant la belle saison, et qui sont destinées, soit à prolonger les branches principales, soit à porter du fruit l'année suivante. Selon l'espèce d'arbre, on commence par celles des parties supérieures, parce qu'elles sont ordinairement les plus développées ; les plus fortes sont palissées les premières, et sévèrement si elles s'emportent. S'il s'agit d'arbres à fruits à noyaux et de pêchers surtout, on les incline toutes dans le même sens, de manière qu'après le palissage, elles imitent, par leur position, la continuation d'arêtes de poisson ou les barbes d'une plume.

## DE L'ÉBORGNAGE.

D. Vous avez parlé de palisser les rameaux utiles ; que doit-on faire pour qu'il ne s'en trouve pas d'inutiles ?

R. Si, au moment de la taille d'hiver et du premier palissage, on aperçoit quelques bourgeons à bois mal placés, ou si on remarque que les bourgeons à fruit soient trop nombreux, on les supprime avec l'ongle ou avec la lame du greffoir. Par ce moyen, on évite des productions inutiles, qui ne servent qu'à faire confusion, et qui absorbent une certaine quantité de sève qu'il est plus utile de réserver aux bourgeons conservés. Une branche à fruit de pêcher porte souvent trop de bourgeons à bois ; on peut en supprimer quelques uns de ceux qui se trouvent sur le milieu, et la sève passe de cette manière au profit de ceux de la base, dont le développement est indispensable. Toutefois, lorsqu'un pêcher est bien vigoureux, l'éborgnage sur les petites branches à fruit exige quelques précautions ; car, si on le pratiquait trop tôt, la sève pourrait se porter trop abondamment sur les bourgeons inférieurs, et les branches de remplacement qui en naîtraient seraient défectueuses. Dans cette circonstance, il faut laisser le temps aux bourgeons de se développer, afin d'amuser la sève.

DE L'ÉBOURGEONNAGE.

D. Mais tous ces rameaux naissants que vous ne supprimez pas, dans le but d'amuser la sève, n'absorbent-ils pas une trop grande quantité de sève, et ne craignez-vous pas que les branches de remplacement du pêcher souffrent de cette grande consommation ?

R. Lorsque le développement des branches de remplacement est assuré, on supprime les rameaux conservés au moment de l'éborgnage, mais on fait cette suppression graduellement. On commence par les forts, quelques jours après on supprime les autres ; il ne faut pas attendre que ni les uns ni les autres soient devenus trop vigoureux et trop grands, attendu qu'en les supprimant dans cet état on pourrait porter un trouble grave dans la circulation de la sève ; ainsi le moment favorable est lorsqu'ils ont atteint de deux à trois centimètres de longueur. On continue d'ébourgeonner successivement et à mesure que le besoin se fait sentir. C'est un grand défaut d'attendre le développement de tous les rameaux inutiles et de les retrancher au même moment ; cette opération vicieuse occasionne souvent une désorganisation complète sur les branches à fruit du pêcher, du cerisier et des autres arbres à fruits à noyaux qui s'éteignent ou languissent. L'ébourgeonnage se fait avec le greffoir ou la serpette ; il faut éviter tout déchirement, qui engendre presque toujours la gomme sur ces sortes d'arbres.

DU PINCEMENT.

D. Quelle différence faites-vous du pincement et de l'ébourgeonnage ?

R. Par l'ébourgeonnage on supprime complètement le produit du bourgeon, c'est-à-dire le jeune rameau, tandis que par le pincement on ne fait que le réduire.

D. Cette opération est-elle bien utile ?

R. De toutes les opérations qui constituent la taille, le pincement est une des plus utiles et des plus indispensables ; elle a pour but : 1° de ralentir le développement des rameaux qui poussent trop vigoureusement ; 2° de favoriser celui des plus faibles, qui, par ce moyen, profitent d'une partie de la sève refoulée par l'effet du pincement ; 3° de changer la destination d'un rameau à bois d'un arbre à fruits à pépins, c'est-à-dire de le transformer en rameau à fruit ; 4° d'augmenter le volume et la quantité des fruits et le développement des branches principales.

D. Comment et à quelle époque opère-t-on le pincement ?

R. Le pincement consiste à supprimer l'extrémité herbacée d'un rameau en la froissant entre l'index et le pouce de la main droite , et en faisant tomber la partie froissée avec l'ongle du pouce ; cette suppression se fait également au moyen d'un petit outil qu'on nomme *Pinceur* , qui écrase et qui coupe en même temps. L'opération du pincement réclame beaucoup de soins et beaucoup de prudence ; on ne peut lui assigner aucune époque fixe ; elle doit se faire alternativement selon le mode de végétation des arbres qui y sont soumis. Les rameaux d'un pêcher qui annoncent devoir être très vigoureux seront pincés avant qu'ils aient acquis un trop fort accroissement , et si , par cette opération , la sève qui se jette sur les plus faibles les faisait développer vigoureusement à leur tour , on les pince également lorsqu'ils ont atteint une longueur de quarante à cinquante centimètres. On taille long et on taille court selon les circonstances ; mais , dans l'un ou l'autre cas, les bourgeons qui existent sous celui sur lequel on a assis la taille se développent en rameaux. Si l'arbre est vigoureux , ces rameaux ne tardent pas à faire avec la branche qui les porte un véritable arbre ; ainsi dix branches livrées à elles-mêmes forment, à la fin de l'automne, dix arbres. Le tailleur d'arbres à qui on les confie , s'il n'est pas fort dans le *métier*, taille toutes ces ramifications comme il taille la branche qui les porte , et l'année suivante ce n'est plus un arbre qu'on a devant soi , mais une forêt ; c'est un arbre stérile qui ne produira du fruit que lorsque ses branches supérieures seront à l'abri des coups de serpette , c'est-à-dire lorsqu'il sera vieux et disgracieux. Or , pour remédier à ce désastre , car c'en est un, il faut pincer ces jeunes ramifications à mesure qu'elles atteignent sept à dix centimètres de longueur ; celles qui naissent sur la face supérieure de la branche doivent être pincées les premières et avant qu'elles aient atteint cette longueur ; ainsi on peut les arrêter lorsqu'elles ont cinq à six centimètres seulement. Si le rameau de prolongement, c'est-à-dire celui qui provient du bourgeon sur lequel on a taillé , l'emporte sur ses voisins, on le pince ; mais il faut attendre qu'il ait dépassé au moins de moitié la longueur à laquelle on devra le tailler l'année prochaine, et cela afin de ne pas faire naître de rameaux anticipés trop près de la coupe.

D. Comment ces rameaux à bois deviennent-ils des rameaux à fruit ?

R. Le pincement est une meurtrissure, un écrasement qui se cicatrise difficilement ; la sève qui n'est pas franchement arrêtée se porte sur les parties brisées, qui l'attirent très insensiblement, et, comme elle ne trouve pas un passage libre, elle fait grossir les bourgeons inférieurs du rameau pincé, et de rameau à bois qu'il était il devient rameau à fruit ; toutefois le pincement ne produit pas toujours ce résultat, bien qu'il l'avance, car il arrive souvent que le bourgeon le plus rapproché de la meurtrissure se développe et donne naissance à un petit rameau.

D. Que faites-vous de ce rameau ?

R. Il ne faut pas le retrancher trop tôt, car les bourgeons inférieurs pourraient se développer à leur tour. On attend qu'il ait atteint une longueur de vingt à vingt-cinq centimètres, ce qui a lieu vers la fin de juillet, attendu qu'il pousse peu vigoureusement ; arrivé à cette époque, on le casse à moitié près de sa naissance, mais sans le détacher ; alors les bourgeons inférieurs continuent à grossir.

### DE LA TAILLE EN VERT.

D. En quoi consiste l'opération désignée sous le nom de taille en vert ?

R. La taille en vert est une opération plus spécialement appliquée au pêcher qu'aux autres arbres à fruit ; elle consiste : 1° à retrancher après la floraison les rameaux à fruit lorsque les fleurs ne nouent pas ; ce retranchement se fait sur un ou deux rameaux les plus rapprochés de la base. 2° Si d'un rameau herbacé, unique et bien placé on veut obtenir plusieurs ramifications, on le coupe à deux ou trois centimètres de sa naissance, et cette coupe détermine la production désirée. Cette seconde opération réussit parfois, mais nous ne la recommandons pas. 3° Lorsque la récolte est terminée, on retranche la branche à fruit, afin de procurer une plus grande quantité de sève aux branches de remplacement, c'est-à-dire à celles qui doivent porter du fruit l'année suivante. 4° Si les bourgeons supérieurs d'un rameau pincé se développent en rameaux anticipés, ce qui arrive très souvent, on taille cette *Tête de saule*, car c'est son nom, sur le plus bas des rameaux anticipés, et, dans le cas où le petit rameau vient à s'emporter, on l'arrête par un pincement. 5° Une branche, un rameau peuvent pendant l'été recevoir un coup dangereux, ou peuvent être attaqués par la gomme ; dans ce cas, pour empêcher le mal de devenir incurable, on cicatrise ou on coupe de manière à recouvrer le plus promptement possible ce qu'on perd.

## DE LA SUPPRESSION DES FRUITS.

D. Pourquoi et dans quelle circonstance est-on obligé de retrancher des fruits ?

R. Lorsqu'on taille une branche à fruit d'un pêcher ou un autre arbre fruitier, on suppose toujours qu'un certain nombre de fleurs réservées coulera ou sera détruit par les intempéries ; mais si les intempéries ne surviennent pas, si le coulage n'a pas lieu, il faut alors supprimer la surabondance, toutefois sans se presser, car tel fruit qui aujourd'hui semble parfaitement assuré tombe le lendemain de lui-même ; la suppression se fait donc à une époque fixe, et cette époque est la fin de juin pour les pêchers et le milieu de juillet pour les poires d'automne et d'hiver. Cette opération, comme la plupart de celles qui la précèdent, ne doit pas se faire sans discernement, car elle a pour but la santé de l'arbre, le maintien de l'équilibre sur toute sa charpente et la beauté du fruit. On sait que la sève tend toujours à se jeter sur les parties supérieures de l'arbre et à abandonner les parties inférieures ; on sait aussi que les fruits attirent une grande somme de sève ; on aura donc soin de laisser une plus grande quantité de fruits sur les parties fortes et d'en laisser le moins possible sur les parties faibles.

### DE L'EFFEUILLAGE.

D. Pour quel motif effeuille-t-on ?

R. Pour deux motifs : 1° afin de modérer la vigueur trop prononcée d'une branche ou d'un rameau. Les feuilles attirant beaucoup de sève : si on en retranche quelques unes sur une partie très vigoureuse, elle ne tarde pas à perdre de sa vigueur ; 2° pour découvrir les fruits, afin de leur donner de l'air et de la lumière qui favorisent leur développement, leur coloris, et leur maturité. Cette opération exige aussi de la prudence et du discernement ; on doit retrancher les feuilles, en coupant leur pétiole près de la lame avec des ciseaux, crainte de faire des déchirures en voulant les détacher avec les doigts.

D. Supprime-t-on les feuilles dans une seule opération, soit qu'il s'agisse d'affaiblir une branche, soit qu'il s'agisse de découvrir les fruits ?

R. Dans l'un ou l'autre cas, on effeuille alternativement : ainsi aujourd'hui ce sont quelques feuilles qui tombent ; dans deux ou trois jours il en tombera quelques autres, et ainsi de suite. On ne doit pas attendre que le fruit soit mûr pour le découvrir, mais il ne faut pas non plus le découvrir lorsqu'il est trop petit ; profiter s'il est possible du moment où le soleil va se coucher ou d'un temps sombre. Il sera bon pendant l'effeuillement de donner quelques bassinages aux arbres ; cette aspersion leur fait beaucoup de bien et colore fortement les fruits. Bassiner, c'est arroser l'arbre au moyen d'une seringue de jardinier ou d'une pompe à main.

### DES ARCS OU ARCEAUX.

D. Pourquoi arque-t-on les branches des arbres fruitiers?

R. Si un arbre est très vigoureux et qu'il ne produise pas de fruits, on fait décrire un arc à toutes les branches; la courbure gênant la circulation de la sève, celle-ci afflue en moindre quantité sur les parties courbées, qui, par conséquent, perdent de leur grande vigueur; alors les bourgeons à fruit, se forment et l'arbre rapporte. On peut arquer une branche si elle est trop forte, et la redresser après l'avoir arrêtée le temps nécessaire.

D. Comment procède-t-on à l'arcure d'un arbre vigoureux et qui ne rapporte pas?

R. On plante des piquets autour de l'arbre et à une certaine distance de la circonférence tracée par les branches; sur ces piquets on attache un cercle; chaque extrémité de branche, sans en excepter celle de la flèche, est retenue par un lien qui, à son tour, est fixé sur le cercle. De cette manière, l'arbre ressemble à un saule pleureur. La sève qui se trouve entravée par ces arcs se ralentit et l'arbre perd de sa grande vigueur et se met à fruit.

Cette opération doit se faire à la fin de novembre ou à la fin de février. L'arbre qui est destiné à être arqué n'est pas taillé, mais on surveille avec soin les rameaux qui peuvent se développer sur la courbe.

### DES ABRIS ET DES AVANT-TOITS.

D. Est-il bien nécessaire d'abriter, d'ombrer et de couvrir les arbres fruitiers?

R. Dans plusieurs circonstances, les arbres à fruit en

espalier ont besoin d'être abrités, ombrés et recouverts. Ainsi, en ombrant pendant quelque temps une branche forte, on l'arrête; le pied d'un pêcher planté en espalier au midi se trouve mieux placé derrière un appareil construit comme la grille d'un fourneau que derrière une tuile ou une planche; cette claire-voie brise les rayons solaires, mais n'intercepte ni l'air ni la lumière, et l'arbre se porte bien, tandis que la tuile et la planche s'échauffent et communiquent leur chaleur au tronc de l'arbre, qui s'en trouve très mal, car son écorce se gerce et se déchire; de plus, la tuile et la planche privent le tronc de lumière et d'air. Souvent le pêcher est attaqué par les gelées tardives; souvent les grands froids détruisent des branches, des rameaux et des bourgeons; enfin, au printemps et en été, ses feuilles se cloquent, se rident et se couvrent de pucerons; tous ces accidents sont fort dangereux, et on les prévient en couvrant les pêchers avec des paillassons pendant la mauvaise saison et pendant les nuits froides, en établissant au dessus de leur charpente des avant-toits, fixes ou mobiles, de trente à quarante centimètres de largeur, qu'on fabrique, soit avec des tuiles, soit avec des planches ou de la paille; si le mur est élevé, il est bon d'établir des avant-toits mobiles qu'on monte ou qu'on descend à volonté. Un cultivateur de pêchers nous a assuré que ses arbres étaient toujours exempts de gomme et de cloque depuis qu'il les couvre pendant l'hiver de paillassons fabriqués avec la ramée-feuillée de chêne, de châtaignier, de pin, sapin, etc.

D. Comment fabrique-t-on les avant-toits mobiles?

R. On forme, avec deux morceaux de planches de sapin ou de tout autre bois, un T, dont la tige a une longueur d'environ soixante-dix centimètres et dont le sommet croisé dépasse en longueur l'espace qui sépare deux liteaux contre lesquels sont palissés les branches d'un arbre. On introduit le T derrière deux liteaux et on place en arc-boutant, entre le mur et l'extrémité de la tige du T, un autre morceau de planche qu'on fixe solidement; cet arc-boutant est placé de manière que la tige du T soit inclinée sur un angle de quarante-cinq degrés. C'est sur deux ou trois appareils semblables qu'on place de légers paillassons qui garantissent le milieu de l'arbre.

D. Maintenant que vous avez défini les principes de la taille, que vous avez fait connaître les moyens d'activer ou de diminuer la vigueur d'un arbre, entretenez-nous des différentes sortes d'arbres soumis à la taille et des diverses opérations qui s'y rattachent.

R. Tous les arbres à fruits à pépins et à noyaux peuvent être soumis à la taille; mais dans nos départements de l'Est, tels que ceux du Rhône, de l'Ain, de l'Isère, etc., c'est plus particulièrement le Pêcher, le Poirier et le Pommier qui subissent cette opération; toutefois, on y taille aussi le Cerisier et le Prunier; l'Abricotier n'y est généralement cultivé qu'en haut vent, attendu que le fruit venu en espalier est rarement bon, tandis que celui venu en haute tige est rarement mauvais, sauf saisons contraires cependant.

### DE L'ABRICOTIER.

D. Dites-nous comment se cultive l'Abricotier.

R. L'Abricotier se cultive greffé sur Prunier; mais tous les Pruniers ne sont pas propices à recevoir sa greffe, et l'expérience a prouvé que les Pruniers à écorce grise argentée doivent être préférés à ceux dont l'écorce est brune ou rousse. La greffe d'Abricotier, placée sur ces sortes de sujets, forme de gros nodus, d'où découle sans cesse la gomme; l'arbre pousse mal, ses écorces roussissent, se gercent et se couvrent d'insectes et de parasites; en un mot, il vit peu de temps; tandis que, greffé sur prunier à écorce grise, il ne forme jamais de nodus, on ne remarque aucune trace de gomme, l'écorce est saine, lisse et brillante, l'arbre pousse d'une manière remarquable;

enfin sa santé est parfaite. Ces sujets sont choisis parmi les semis obtenus au moyen de noyaux des prunes *Saint-Julien*, *Gros Damas noir*, *Damas d'Espagne* et *Cerise* ou *Cerisette*; d'autres variétés peuvent également fournir de très bons sujets. On doit négliger les sujets de pruniers sauvages et ceux qu'on obtient au moyen de drageons, parce que leurs racines ont l'inconvénient de s'étendre fort loin et de donner naissance à une multitude de rejets qui épuisent l'arbre.

D. Ne peut-on pas greffer l'Abricotier sur d'autres sujets que sur Prunier?

R. L'abricotier peut aussi se greffer sur Amandier, sur Pêcher et sur Abricotier, mais on a pas l'habitude d'utiliser ces sortes de sujets, parce que les résultats obtenus jusqu'à ce jour ont été peu favorables; on le comprendra sans peine quand on saura qu'ils sont plus difficiles sur la nature du sol que ne l'est le Prunier.

D. L'abricotier ne se multiplie-t-il pas autrement que par la greffe?

R. Quelques variétés se reproduisent par la semence d'une manière assez remarquable; tels sont l'Abricot Millou, ceux de Hollande, d'Ampuis, l'Alberge et quelques autres variétés.

D. Comment greffe-t-on l'Abricotier?

R. On peut le greffer de toutes les manières, mais il vaut mieux préférer la greffe à l'écusson à œil dormant, parce qu'elle est plus sûre et moins dangereuse. La greffe en fente, pratiquée sur un sujet sain et vigoureux, peut être mise en pratique avec succès au printemps.

D. Comment faut-il cultiver l'Abricotier?

R. L'Abricotier se plaît surtout dans les terres amendées, légères et chaudes; il fleurit de bonne heure, et sa production est souvent compromise par les gelées d'avril. Si on le plante au nord, la floraison se trouve retardée, il est vrai, mais les fruits perdent totalement leur saveur,



5

attendu qu'ils réclament beaucoup de chaleur pour acqué-rir toute leur perfection. On cultive l'Abricotier en espalier, mais plus particulièrement en haut vent ; dans le premier cas, il est soumis à une taille annuelle, comme le Pêcher ; dans le second, on se contente de le tenir pro-pre lorsqu'il est formé, et de le dépointer pour qu'il ne se dégarnisse pas de productions à fruit et à bois à la base de ses branches.

D. La conduite d'un Abricotier en palmette ou cordon oblique double est-elle la même que celle du Pêcher conduit sous les mêmes formes ?

R. La conduite des branches charpentières est la même, sauf la distance qui les sépare les unes des autres ; pour le Pêcher cette distance est de cinquante à soixante centi-mètres, tandis que pour l'Abricotier elle n'est que de la moitié. Les rameaux à fruit du Pêcher ne se prennent que dessus et dessous les branches ; on les prend dessus, devant et dessous sur celles de l'Abricotier, avec la pré-caution, toutefois, que ceux de devant ne seront que des bouquets courts.

D. Comment doit-on conduire l'Abricotier élevé et greffé en haute tige ?

R. Pour répondre à cette question, il faut prendre l'arbre à sa naissance ; nous supposons donc qu'il vient d'être greffé à l'œil dormant ; pendant l'été qui suivra cette opération ; on surveillera la poussée de la greffe, et on aura soin de la pincer à dix ou quinze centimètres pour faire développer trois ou quatre rameaux, entre lesquels on con-servera le plus grand équilibre possible ; au moyen du pincement de celui qui l'emporterait sur les autres, s'il s'en développait un plus grand nombre, on les supprime-rait ou on les pincerait dès qu'ils auraient atteint une longueur de six à sept centimètres.

L'année suivante, on taille ces rameaux à vingt ou vingt-cinq centimètres de leur naissance, au dessus de deux bour-geons placés de côté ; ces deux bourgeons se développent et donnent naissance à de nouveaux rameaux ; on a besoin, comme l'année précédente, de pincer toutes les ramifications qui naissent sous cette espèce de fourche, et de maintenir l'équilibre entre les six ou huit jeunes branches. Si elles avaient une tendance à prendre une direction trop verticale, il faudrait y remédier au moyen de longs tuteurs qui les forceraient à prendre une direction plus oblique; en un mot, on fera en sorte qu'elles forment dans leur ensemble une espèce de gobelet. La troisième année, ces six ou huit branches sont taillées de la même manière qu'on a traité les trois ou quatre l'année avant, et on leur donne les mêmes soins à l'automne. On possède un abricotier formé de douze ou seize branches couvertes de petites ramifications fruitières depuis leur base jusqu'à leur sommet. Les années suivantes, on se contente de dépointer les nouveaux rameaux afin d'empêcher les productions fruitières inférieures de s'éteindre. Le dépointement consiste à retrancher, à la fin de l'hiver, l'extrémité des rameaux, mais toujours en consultant leur vigueur ; s'ils sont forts, on supprime le quart de leur longueur ; s'ils sont faibles, on ne fait tomber que le bourgeon terminal. Lorsque les rameaux-bouquets sont réunis en trop grand nombre sur un même point, on retranche les plus mal placés sur la couronne ou l'empâtement. Les autres soins consistent à tenir l'arbre dans une grande propreté, à enlever tous les bois morts, à faire tomber ou à pincer tous les rameaux qui naissent sur la face supérieure des branches et qui ont une tendance à devenir rameaux gourmands, et enfin à décharger les rameaux de tous les fruits superflus. Cette précaution est importante ; si on la néglige, on ne récolte que de petits fruits privés de toutes leurs qualités, et on compromet fortement la sécurité de l'arbre.

D. L'Abricotier conserve-t-il longtemps sa fertilité, et que doit-on faire pour la lui faire recouvrer lorsqu'il commence à la perdre ?

R. Après dix ou douze années de rapport, l'Abricotier

commence à perdre sa fertilité ; les fruits qu'il continue à produire sont petits, galeux et de mauvaise qualité ; mais comme cet arbre a la propriété de repousser sur le vieux bois, on le couronne pour faire pousser des branches nouvelles sur lesquelles on récolte, comme par le passé, de beaux et bons fruits. Le couronnement consiste à couper très proprement les branches-mères à une distance de quarante ou cinquante centimètres du tronc, et à enduire les plaies avec du mastic. On choisit sur chaque branche coupées les deux rameaux les mieux placés et les plus vigoureux, qu'on traite ensuite comme les branches primitivement taillées

D. Désignez-nous les meilleures variétés d'Abricots.

R. Les abricots les plus estimés sont : l'*Angoumois*, le *Commun*, l'*Alexendrin*, le *Portugal*, le *Pêche* ou *de Nancy*, le *Descolonges* et le *Millou* ou *Pêche hâtive d'Oullins*.

DU CERISIER.

D. Comment cultive-t-on le Cerisier ?

R. Le Cerisier est élevé en espalier, en pyramide et en haute tige ; c'est cette dernière forme qui domine généralement dans nos provinces du Lyonnais et dans les départements voisins. On compte plusieurs sortes de cerisiers ; toutes se plaisent dans les terrains calcaires argilo-sablonneux ; toutefois, elles végètent à peu près dans tous les sols, sauf dans ceux qui sont humides.

D. Quelles sont les sortes de Cerisiers qui sont particulièrement cultivés, et comment les reconnaît-on entre elles ?

R. On en compte quatre principales : 1° le *Bigarreautier*, 2° le *Guignier*, 3° le *Cerisier* proprement dit, 4° et le *Griottier*. Le *Bigarreautier* devient gros ou très gros ; son écorce est brune-noirâtre, rude, très gercée ; ses branches sont presque horizontales et flexueuses, ses feuilles longues, larges, très dentées et très pendantes ; le fruit est en cœur.

marqué d'un sillon profond ; la chair est sucrée, d'une consistance ferme et craquante, ne laissant dans la bouche aucune amertume. Le noyau est gros et allongé. Le *Guignier* ne devient pas si gros que le *Bigarreautier* ; il en diffère aussi par ses branches obliques, plus fermes et plus droites ; ses feuilles sont glabres, longues, larges, molles et pendantes ; le fruit est plus petit et moins cordiforme que celui du *Bigarreautier* ; sa pulpe est très aqueuse, peu ferme, sucrée et sans amertume ; la chair est adhérente à la peau ; le noyau moyen est presque rond. Le *Cerisier* proprement dit est un arbre de moyenne élévation, à branches obliques, fermes, droites et recouvertes d'une écorce très rude ; les feuilles sont moyennes, fermes et peu pendantes ; les fruits sont ronds ou comprimés à la base et au sommet ; leur chair est tendre, sucrée, très douce, même avant leur entière maturité ; le noyau moyen est rond. On trouve quelques variétés de Cerisiers proprement dits dont les rameaux sont horizontaux et confus. Le *Griottier* comprend trois variétés distinctes. La première est un arbre plutôt nain qu'élevé, à rameaux faibles et irréguliers, dont le fruit est rond, rouge-brun, presque noir, très acide, même au moment de sa maturité : c'est le *Griottier* sauvage. Le second est un arbre de moyenne grandeur ; ses ramifications affectent la forme verticale ; le fruit est rond, très acide avant sa parfaite maturité et aigre-doux quand il est parfaitement mûr : c'est le *Griottier commun.* Le troisième est un arbre d'un joli port ; ses branches fortes, droites, obliques, ses rameaux horizontaux, disposés sans confusion, lui donnent une forme arrondie ; le fruit est arrondi ou légèrement cordiforme, d'abord très acide, mais devenant doux et parfois très doux et très sucré à la parfaite maturité : c'est le *Griottier à fruit doux.*

D. Comment multiplie-t-on toutes ces sortes de Cerisiers ?

R. Le cerisier se multiplie par semis, par drageons,

par boutures (1). Il se greffe sur deux sortes de sujets : 1° sur le *Prunier Mahaleb* ou *Prunier de Sainte-Lucie*; 2° sur le *Merisier*, qui est une espèce de guigne. C'est sur ce dernier sujet qu'on greffe le bigarreautier et le guignier destinés à former les hautes tiges. Le Mahaleb reçoit les greffes des cerisiers proprement dits et des griottiers qui ne s'élèvent jamais bien haut et qu'on cultive aussi en pyramide et en espalier. Ces deux sortes de sujets sont greffés à l'écusson. Toutefois, le merisier peut être greffé en *fente*, à la *Lagrange* et en *couronne*, lorsque l'état de l'écorce ne permet pas d'utiliser la greffe à l'écusson.

D. Quels sont les soins que réclame le cerisier élevé en haute tige, en pyramide et en espalier ?

R. Il est très difficile de faire un arbre bien régulier du bigarreautier et du guignier ; aussi les abandonne-t-on pour ainsi dire à eux-mêmes. Le cerisier proprement dit et le griottier à fruit doux se prêtent au contraire avec facilité aux formes qu'on leur impose; on les conduit absolument comme l'abricotier. Si on veut les élever en pyramide, on suivra les mêmes principes que ceux qui sont appliqués au poirier conduit sous cette forme. Le cerisier à haute tige fait comme l'abricotier, c'est-à-dire qu'après avoir rapporté pendant plusieurs années, il finit par ne produire que des fleurs, mais rarement du fruit. Dans cette circonstance, on peut lui appliquer le rapprochement, comme nous l'avons indiqué pour l'abricotier.

D. Quelles sont les meilleures variétés de cerises proprement dites, de bigarreaux, de guignes et de griottes à fruit doux et acides ?

R. Parmi les cerises proprement dites, on doit préférer la *Hâtive d'Angleterre*, la *Royale hâtive* ou *May-Duke*, la *Reine Hortense*, la *Royale tardive* ou *Cherry-Duke*, l'*Abbesse d'Oignies*, la *Belle de Chatenay* et la *Courte-Queue*. Les bigarreaux de premier choix sont le *Napoléon*, le *Monstrueux*

______

(1) Le *Journal d'Horticulture belge* parle d'une bouture dans l'eau pratiquée dans le moment de la taille et qui réussit très bien.

*de Mezel*, le *Reverchon*, l'*Esperen* et le *Jaboulet* dit *Bigarreau d'Oullins* ou de *mai*. Les guignes les plus estimées sont celles à *gros fruit blanc*, à *fruit noir*, à *gros fruit noir luisant*, et le *Guindoux*. Les griottes douces de bonnes qualités sont la *Montmorency à gros fruit*, la *Montmorency à courte queue*, la *Montmorency de Bourgueil* et le *Gros Gobet*. Parmi les griottes à fruit acide, on préférera la *Griotte du Nord* ou *Picarde*, la *Portugale* et l'*Impériale*.

DU PÊCHER.

D. On entend dire souvent que le pêcher est de tous les arbres fruitiers le plus difficile à cultiver ; pensez-vous que ce dit-on soit vrai ?

R. Beaucoup de personnes pensent que le pêcher est difficile à élever, parce qu'elles n'ont pas su lui appliquer de bons principes de culture ; mais, lorsque ces principes sont bien compris, le pêcher devient l'arbre le plus souple, le plus soumis et le plus obéissant. On le cultive avec succès en terre douce, légère, substantielle et profonde. Si on ne possède pas un sol de cette nature, on peut le composer par des rapports de bonne terre qu'on mélange ou qu'on substitue à celle qu'on extrait des trous dans lesquels on veut planter ; dans ce cas, ces trous doivent avoir une profondeur d'un mètre trente centimètres et une largeur au moins égale. Le pêcher se cultive en haute tige et en espalier. Dans nos provinces du Lyonnais, la haute tige est toujours un arbre franc, c'est-à-dire obtenu de semis, qu'on doit cultiver de la même manière que l'abricotier élevé sous cette forme. Le pêcher greffé est destiné à l'espalier ; on le greffe : 1° sur amandier provenant de semis d'amande douce à coque dure, 2° sur pruniers Saint-Julien et Damas, 3° et rarement sur abricotier, pêcher et myrobolan. Le sujet d'amandier qui a des racines pivotantes convient pour les sols profonds, exempts d'une trop grande humidité ; le sujet de prunier dont les racines sont traînantes convient plus particulièrement aux sols peu profonds et dont le sous-sol est humide ou difficile à défoncer. Ces deux principaux sujets sont greffés en écusson à l'œil dormant, du commencement d'août à la mi-septembre, suivant l'état de la température. Trop tôt, les greffes sont noyées par une surabondance de sève ; trop tard, elles ne reprennent pas. Le pêcher destiné à être planté en espalier doit n'avoir qu'un an de greffe, être sain, vigoureux et porter des bourgeons bien constitués ; l'exposition est pour lui une chose importante ; il végète au levant, au midi et au couchant, mais il est prouvé par l'expérience que l'exposition du levant est préférable aux deux autres.

D. Indiquez les formes sous lesquelles on peut conduire le pêcher, et faites connaître surtout les plus simples, les plus naturelles et les plus faciles.

R. Les formes qu'on impose au pêcher sont nombreuses, nous dirons même trop nombreuses ; quelques unes sont tellement compliquées, que la vie de l'homme ne serait pas assez longue pour les mener à bonne fin, si l'arbre vivait le temps que lui a assigné la nature, et le praticien le plus habile n'en pourait pas conduire plus de dix à douze, tels qu'on en voit de dessinés dans les livres, en admettant même qu'il ne s'occupe que d'eux dans le courant de l'année. Ce n'est donc pas de ces formes qu'il faut nous entretenir, mais bien de celles qui remplissent le même but promptement et avec facilité ; car ce n'est pas pour sa forme qu'on doit cultiver un pêcher, mais pour son rapport. Les formes les plus simples, les plus naturelles et qui offrent les plus grands bénéfices de temps, de frais et de rapport, sont : le *cordon oblique simple Dubreuil*, qui garnit en quatre ans un mur que la forme carrée garnit à peine en douze ; le *cordon oblique en spirale Morel* (voyez les dessins *fig. 4*) ; la *palmette à branches cintrées obliques Luizet*, et la *palmette à branches droites obliques*. Toutes les autres formes, telles que la *carrée*, la *Montreuil*, la *lyre*, la *queue de paon*, la *Forsyth*, la *palmette en U*, les *candélabres à branches verticales*, à branches *obliques croisées en losange*, etc., etc., que nous ne conseillerons qu'aux amateurs qui ont beaucoup de temps à dépenser et qu'aux praticiens retirés des affaires, servent à embellir un jardin et à prouver que le pêcher, loin d'être un arbre rebelle, est au contraire un arbre docile lorsqu'il tombe sous une main habile et intelligente.

D. Qu'entendez-vous par *cordon oblique simple Dubreuil*, et comment le formez-vous ?

R. Le pêcher conduit sous cette forme est une tige sans branches charpentières ; cette tige, qui ne porte que des rameaux à fruit, s'incline à gauche ou à droite selon l'exposition, et forme un seul cordon oblique, d'où lui est venu son nom. Voici comment on s'y prend pour garnir un mur en très peu temps et pour obtenir une abondante récolte.

Supposons qu'on veuille planter des pêchers contre un mur de dix mètres de longueur et de deux mètres et demi à trois mètres de haut. On choisit onze pêchers d'un an de greffe ; on les plante à soixante-quinze centimètres de distance en les inclinant tous légèrement du même côté : au midi, si le mur regarde le levant ou le couchant, et au couchant, s'il regarde le midi. Au moment de la mise en place, on a soin de tourner l'arbre de manière qu'il présente au planteur et à environ quarante centimètres au dessus de la greffe un bon bourgeon sur lequel on pratique la taille. Pendant l'année, on surveille le développement de ce bourgeon et celui seulement des deux latéraux les plus rapprochés de la coupe ; on palisse les deux rameaux inférieurs lorsqu'ils ont acquis un développement de trente-cinq à quarante-cinq centimètres de long ; on impose l'inclinaison oblique, mais droite au terminal. Si les bourgeons de ce rameau donnent naissance à des rameaux anticipés, ce qui arrive presque toujours, on supprimera tous ceux de devant et de derrière, et on palissera et pincera ceux de côté dès le moment où ils menacent de prendre trop d'accroissement. Si , à la fin de juin ou au milieu de juillet, les bourgeons inférieurs du rameau restent petits et incapables de pouvoir se développer à la taille prochaine, il faudrait pincer l'extrémité du rameau afin de forcer la sève à ne pas les abandonner; sans cette précaution, on risque d'avoir plus tard un arbre dégarni par le bas de productions fruitières. L'année suivante, on supprime le tiers ou le quart de la longueur de la branche, suivant sa force et sa constitution; la coupe se fait toujours sur un bourgeon placé devant; on taille les deux anciens rameaux sur les deux ou trois bourgeons les plus rapprochés de la base, et s'il reste encore quelques rameaux anticipés après le raccourcissement de la branche, on les taille près de leur naissance, en ménageant toutefois les bourgeons qui se trouvent presque toujours placés sur la couronne ou l'empâtement. Au moment de la taille, on supprime (éborgnage) tous les bourgeons de devant et de derrière; cependant, par exception à la règle, quelques uns de ces derniers peuvent être conservés, si on se trouve dans la nécessité de remplir un vide. Enfin on continue les mêmes opérations de l'année précédente, c'est-à-dire le palissage, le pincement et l'ébourgeonnage, toutes les fois que le besoin se fait sentir.

D. Qu'est-il arrivé à ces deux premiers rameaux que vous avez taillés sur deux ou trois bourgeons?

R. Chaque bourgeon conservé a donné naissance à un rameau; deux de ces rameaux sont nécessaires; le troisième est inutile et par conséquent supprimé. Il est bien entendu que ce troisième est le plus petit ou le plus mal placé; les deux conservés sont soignés et palissés; par leur position ils représentent une fourche, et cette fourche que nous nommerons *Courson*, c'est la première branche fruitière de notre arbre.

D. Comment opérez-vous la troisième année?

R. La troisième année, la branche est taillée de la même manière que l'année précédente; les bourgeons de devant et de derrière et les rameaux anticipés sont traités comme par le passé. Si les rameaux des coursons sont à fruit, le plus éloigné de l'arbre surtout, on le taille sur deux ou trois boutons à fleur seulement; l'autre est taillé sur deux bourgeons à bois les plus rapprochés de sa base : mais si ce rameau le plus près était au contraire à fruit et que le plus éloigné ne le fût pas, ce qui peut arriver, et qu'on tienne absolument au fruit, il faudrait retrancher complètement le stérile, conserver quelques fleurs du fertile et favoriser par le pincement le développement des deux autres rameaux les plus rapprochés de l'arbre; ce pincement se fait sur tous les rameaux qui naissent au dessus d'eux. On procède ensuite à la taille des autres rameaux, qui sont traités de la même manière que l'ont été primitivement ceux qui ont formé les deux premiers coursons, car tous sont destinés à devenir des branches semblables. La troisième année, on donne à l'arbre une inclinaison un peu plus sensible, c'est-à-dire qu'on le place sur un angle d'environ cinquante degrés, et on prend garde aux gourmands. Comme pendant les deux premières années, on éborgne, on palisse, on pince, on ébourgeonne et on taille en vert en cas de nécessité.

D. Comment est formé votre arbre à la fin de la troisième année, et que devient-il à la quatrième?

R. A la fin de la troisième année, l'arbre porte tant à droite qu'à gauche de douze à quatorze coursons bifurqués, dont les deux inférieurs ont donné du fruit. La quatrième année, tous ces coursons sont taillés comme l'ont été les deux premiers; mais la branche de continuation est tenue un peu plus courte, afin de contraindre la sève à ne pas abandonner les parties inférieures de l'arbre, qui en aurait besoin pour nourrir tous les fruits qu'on leur aura laissés à la taille. Quant aux autres soins, ils sont absolument les mêmes que ceux qui ont été donnés précédemment; toutefois l'arbre est encore abaissé et définitivement fixé sur un angle de quarante-cinq degrés. A la fin de cette quatrième année, l'arbre, qui, l'année avant, ne portait que douze ou quatorze coursons, en porte de vingt à vingt-deux formés et plusieurs prêts à le devenir.

D. Lorsque l'extrémité de l'arbre est près d'atteindre le sommet du mur, comment faites-vous pour l'arrêter ?

R. Lorsque l'arbre arrive au sommet du mur, et que, par conséquent, il n'y a plus moyen de l'allonger, on taille son extrémité sur un bourgeon double de devant, ou, à défaut, sur un bourgeon de côté. Ces bourgeons donnent naissance à des coursons qu'on aura soin de traiter, ainsi que ceux qui les avoisinent, plus sévèrement que ceux de la partie inférieure ; ils seront donc palissés plutôt plus horizontalement et pincés plus souvent, pour maintenir autant que possible l'équilibre de la sève sur tout l'ensemble de l'arbre.

D. Vous avez dit plus haut qu'il fallait tailler les rameaux anticipés près de leur couronne ; mais ces sortes de rameaux ne sont-ils pas souvent couverts de boutons à fleur, et ne pourrait-on pas les utiliser ?

R. Il est démontré par l'expérience et l'observation que ces sortes de ramifications vivent peu de temps et sont impropres à la formation des coursons. Beaucoup de personnes les conservent et les taillent comme les rameaux ordinaires et en retirent même du fruit ; mais, nous le répétons, des vides se font bientôt apercevoir, et il est très difficile de les boucher sans opérer des cicatrices toujours dangereuses, même lorsqu'elles sont pratiquées dans le but de placer une greffe propre à remplir l'espace nu. Il est vrai qu'en traitant les rameaux anticipés comme les ordinaires, on garnit plus promptement un mur ; mais jamais l'arbre n'est aussi bien fait, aussi vigoureux et d'aussi longue durée ; il ne faut donc pas, pour quelques fruits, courir la chance d'en perdre un cent.

D. Mais en inclinant tous les arbres du même côté, le mur ne présente-t-il pas des vides à ces extrémités ?

R. Pour remplir ces vides, voici comment il faut procéder : si les arbres doivent être inclinés à droite, on taille le premier de la gauche également incliné toujours à la hauteur de quarante centimètres et toujours sur un bourgeon de devant. Le bourgeon de droite, situé au dessus de la taille, est réservé pour faire un courson ; mais celui de gauche doit donner naissance à un rameau qu'il faudra tenir droit et vertical. Ce rameau, par sa position verticale, poussera certainement d'une manière plus vigoureuse que le rameau oblique provenant du bourgeon de devant, sur lequel on a assis la taille ; il faudra donc le surveiller de près pour qu'il ne l'affaiblisse pas. Lorsqu'il aura atteint une longueur de soixante-cinq à soixante-dix centimètres, on incline son extrémité à droite ; si sa longueur est de soixante-cinq centimètres, celle de la partie inclinée sera de dix ; si, au contraire, le rameau était long de soixante-dix centimètres, la partie inclinée devra l'être de quinze, attendu qu'il faut réserver entre chaque membre ou chaque arbre incliné un intervalle au moins de cinquante-cinq centimètres, afin d'avoir une place suffisante pour palisser les coursons. Il ne faut pas perdre de vue qu'on a pour ce premier arbre les mêmes soins à prendre que pour les autres.

D. Que prétendez-vous faire de ce rameau vertical dont vous avez incliné l'extrémité à la hauteur de cinquante-cinq centimètres de sa base ?

R. Ce rameau vertical est destiné à faire une demi-palmette qui, avec sa partie verticale, garnira l'angle du mur, et qui, avec ces parties inclinées, garnira l'espace compris entre cet angle et le second arbre planté.

D. Comment alors traitez-vous ce rameau pour lui faire occuper tout cet espace ?

R. La seconde année, on taille la partie inclinée sur un bourgeon de devant, à dix ou vingt centimètres de la courbe, suivant la vigueur. Ce bourgeon donnera un rameau qu'on traitera comme tous ceux qui sont inclinés ; on favorisera à gauche de la courbe le développement d'un bourgeon qui se développera, à son tour, en rameau vertical, comme celui sur lequel il est né. On continuera ainsi d'année en année, jusqu'à ce que le sommet du mur soit atteint.

D. Pourquoi taillez-vous à dix ou vingt centimètres de la courbe seulement? Ne pourriez-vous pas tailler plus long, la partie courbée étant longue et vigoureuse?

R. Il est bien certain qu'on pourrait allonger davantage la taille de cette partie inclinée; mais comme la sève se porte toujours de préférence sur les parties élevées d'un arbre que sur les basses, il faut faire son possible pour l'en empêcher, jusqu'à ce que ces parties basses aient acquis assez de force et de développement. Dans cette opération, comme dans toutes celles qui regardent la taille, il est donc important de répartir la sève d'une manière convenable, afin que chacun puisse jouir de sa part; sans cette précaution, les uns auraient tout et les autres rien.

D. Nous comprenons que de cette manière vous puissiez garnir entièrement le côté gauche de votre mur; mais comment pourrez-vous garnir le côté droit, qui, sous l'angle de quarante-cinq degrés de votre dernier arbre, doit se trouver vide?

R. Supposons que le premier arbre de gauche a été planté à cinquante centimètres de l'angle du mur, et comme tous sont plantés à une distance de soixante-quinze centimètres les uns des autres, nous avons donc une surface de huit mètres soixante-quinze centimètres de garnie. Celle qui reste à combler est petite, puisqu'elle n'est plus que d'un mètre vingt-cinq centimètres. Toutefois il faut la remplir, et, pour atteindre ce but, on taille et on donne les mêmes soins comme il a été dit plus haut en parlant d'un des arbres inclinés. L'année suivante, le rameau de gauche est taillé pour faire un courson; celui de droite, dont on aura favorisé pendant la première année le développement en le tenant plutôt vertical qu'oblique, sera taillé pour faire une branche sous-mère horizontale; mais on ne lui fera prendre cette position définitive que lorsqu'elle sera suffisamment forte et garnie dessus et dessous de coursons bien assurés. Aussitôt sa mise en place, on relève son extrémité à cinquante-cinq centimètres de distance de sa base. Cette extrémité, ainsi relevée et placée sur l'angle de quarante-cinq degrés, remplit le vide de soixante-dix centimètres qui reste avec les coursons de droite et de gauche. Pendant qu'on a conduit ainsi cette branche sous-mère, on a donné à la branche mère tous les soins qu'elle réclamait pour atteindre son entier développement. Telle est la méthode facile employée pour garnir promptement un mur.

D. Pour former le premier arbre que vous nommez une demi-palmette, n'auriez-vous pas pu vous servir de la branche mère pour en faire la branche verticale et prendre sur elle des rameaux latéraux à la distance voulue pour en faire des branches sous-mères?

R. C'est bien de cette manière qu'on procède lorsqu'on dirige un pêcher sous la forme de palmette, toutes les fois qu'on ne peut pas tailler sur des bourgeons triples de devant et placés à la distance voulue ; mais, dans cette circonstance, il nous a semblé plus à propos de former la branche verticale avec des rameaux de côté, qui, toujours courbés à leur base, font que cette branche verticale ne prend pas un trop fort et un trop prompt accroissement au préjudice des branches obliques latérales.

D. Lorsque tous les arbres et toutes les branches atteignent le sommet du mur, quels soins leur donnez-vous?

R. Les soins que réclament les cordons obliques consistent : 1° à maintenir un parfait équilibre dans les mouvements de la sève ; 2° à tailler les coursons de manière à faire produire du fruit et du bois de remplacement tous les ans ; 3° à éborgner, ébourgeonner, pincer, palisser et tailler en vert ; 4° à approprier, biner et pailler toutes les fois que le besoin se fera sentir : en un mot, à faire pour eux tout ce qu'on fait pour les pêchers soumis à d'autres formes.

## DE DA PALMETTE A BRANCHES OBLIQUES.

D. Vous avez parlé d'une demi-palmette; indiquez comment on forme une palmette entière.

R. Pour former une palmette, on choisit, comme pour les cordons simples, un pêcher d'un an de greffe, qu'on plante droit à vingt-cinq centimètres du mur. Si à une distance de quarante centimètres environ de la greffe se trouve un bourgeon triple, on plante l'arbre de manière à ce que ce bourgeon se trouve devant, et on taille au dessus de lui; ce bourgeon donne naissance à trois rameaux sur le même point. Les deux latéraux sont palissés un peu obliquement, mais droits; celui du milieu doit être tenu vertical, droit et pincé, s'il s'emporte. Tous les soins donnés aux rameaux qui ont servi à former les cordons obliques sont prodigués à ceux destinés à faire une palmette.

D. Si l'arbre ne porte pas de bourgeon triple bien placé, comment faut-il s'y prendre pour former la palmette?

R. Dans cette circonstance, on taille sur un bourgeon unique de devant, toujours à quarante centimètres environ au dessus de la greffe; on favorise le développement des deux bourgeons latéraux de gauche et de droite, les plus rapprochés de la coupe, et on conduit les trois rameaux comme nous l'avons dit plus haut.

D. N'y a-t-il pas un moyen d'imiter à peu près le développement du bourgeon triple sans avoir recours aux deux latéraux?

R. Si l'arbre soumis à la taille est sain, bien constitué et planté dans toutes les conditions voulues, on peut obtenir du bourgeon unique de devant, sur lequel on l'aura taillé, trois ramifications à peu près sur le même point; pour obtenir ce résultat, on pince le rameau produit par le bourgeon dès qu'il a atteint sept à huit centimètres de long. Quelques jours après cette opération, deux bourgeons latéraux se développent à la base du rameau pincé; celui-ci continue son ascension; les deux latéraux poussent et prennent la direction qu'on leur impose.

D. Que faites-vous de ces trois branches la seconde année ?

R. L'année suivante, on taille les deux branches latérales, c'est-à-dire les sous-mères, à une longeur qui est déterminée par leur force, leur bonne constitution et la valeur de leurs bourgeons; ainsi, cette longueur peut varier entre soixante et quatre-vingts centimètres environ. On taille sur un bourgeon de devant, et on favorise autant que possible le développement de celui de dessous, le plus rapproché de la taille, car le rameau qu'il produira devra former une branche tertiaire de dessous, pendant que celui de devant continuera le prolongement de la branche sous-mère, qui, pendant cette seconde année, sera tenue plus oblique que l'année précédente.

D. Pourquoi faites-vous porter une branche tertiaire sous la première branche sous-mère?

R. Toutes les branches sous-mères devant être obliques, un vide trop prononcé se ferait remarquer entre la première et le niveau du sol; alors on forme une branche tertiaire de dessous, qui, par sa position horizontale, remplit le vide.

D. Si vos branches sous-mères n'étaient pas de même force, comment les traiteriez-vous?

R. Malgré tous les soins qu'on a pris pour que deux branches latérales opposées soient de même force, il peut arriver que l'une l'emporte sur l'autre par sa vigueur; dans ce cas, on taille la plus forte un peu plus court que la plus faible.

D. Comme il faut tout prévoir lorsqu'on veut élever un arbre, n'importe sous quelle forme, nous serions bien charmés de savoir ce qu'il faudrait faire des trois rameaux de la palmette, s'ils étaient restés courts et faibles.

R. Dans cette circonstance, il ne faut pas songer à les tailler à soixante ou quatre-vingts centimètres, mais bien sur le bourgeon de devant le mieux constitué et le plus rapproché de la base. Toutefois, si les rameaux étaient non seulement petits, mais encore malsains ou gommeux, il faudrait arracher l'arbre et lui en substituer un autre plus vigoureux, plutôt que de s'exposer à avoir un arbre languissant.

D. Comment traite-t-on la branche verticale mère la seconde année?

R. Si, pendant la première année, on a surveillé le développement de la branche mère, c'est-à-dire si on l'a empêchée de devenir plus forte que les deux sous-mères, on la taille à quarante centimètres environ de sa naissance sur un bourgeon de devant; on éborgne tous les bourgeons de devant et de derrière qui naissent sur cette branche, ainsi que sur les sous-mères; tous les bourgeons latéraux de ces mêmes branches, destinés à produire des coursons, sont conduits et guidés avec soin; on gouverne avec précaution le rameau produit par le bourgeon terminal de la branche mère.

D. Pourquoi avez-vous taillé cette branche mère à quarante centimètres seulement, au lieu de cinquante ou soixante, comme quelques personnes le pratiquent pour obtenir les deux secondes branches sous-mères?

R. On peut agir ainsi lorsqu'il est question d'un arbre extrêmement vigoureux; mais s'il n'est que d'une vigueur moyenne, il est infiniment plus sage d'attendre la troisième année pour prendre les deux secondes sous-mères; par ce moyen, on favorise le développement des premières sous-mères, qui, nous l'avons déjà dit, ne sont jamais aussi vigoureuses que celles du sommet, puisque la sève tend toujours à se porter sur les parties supérieures de l'arbre.

D. Continuez vos opérations de taille.

R. La troisième année, il faut s'assurer si, à soixante centimètres environ de la naissance des deux premières branches latérales, il existe sur le devant de la branche mère un bourgeon triple et tailler sur ce bourgeon ; s'il n'en existe pas de cette nature, on taille sur le bourgeon, unique de devant, et on suit en tout point, dans l'un et l'autre cas, ce que nous avons dit plus haut en parlant de la première taille. La poussée de l'année précédente des sous-mères est taillée suivant sa vigueur au tiers ou au quart de sa longueur ; celle de la branche tertiaire est tenue un peu plus longue, car il est important que celle-ci prenne un grand accroissement. Nous renvoyons pour la taille des coursons et pour les soins à donner dans le courant de l'année à ce que nous avons dit précédemment des cordons obliques ; mais nous ferons observer que les deux premières sous-mères et les deux tertiaires doivent être encore rapprochées cette troisième année de l'angle qu'elles devront occuper lorsque l'arbre sera entièrement formé.

D. Agirez-vous la quatrième année vis-à-vis de la branche mère comme vous avez fait lors de la deuxième taille ?

R. Comme les deux premières branches sous-mères ont acquis assez de force, on taillera la branche mère de la même manière qu'elle l'a été lors de la troisième taille, et on donnera les mêmes soins à toutes ses productions. Les deux secondes sous-mères obtenues l'année dernière sont taillées toujours, comme nous l'avons dit, au quart ou au tiers de leur longueur et plus inclinées que l'année précédente. Le prolongement des deux premières sous-mères et celui des deux tertiaires sont taillés, le premier au tiers de sa longueur et le second au quart ; on continue annuellement les mêmes opérations jusqu'à ce que toutes les branches de l'arbre aient atteint les points qui leur sont assignés, soit en hauteur, soit en largeur.

D. Quel est le principal motif qui vous fait tailler sur un bourgeon triple ?

R. En taillant sur un bourgeon triple , on obtient des branches plus régulièrement placées , puisque leurs points de départ sont parfaitement opposés.

D. Dans la conduite des branches latérales, n'avez-vous pas oublié de parler d'une opération à laquelle quelques praticiens semblent attacher une grande importance ?

R. En effet , nous avons oublié de dire que l'extrémité des branches doit toujours être relevée et présenter sa pointe vers le sommet du mur. Les praticiens ont raison d'attacher beaucoup d'importance à cette précaution , car il est reconnu que l'extrémité relevée attire sur la branche une plus grande somme de sève.

### PALMETTE A CORDONS OBLIQUES CINTRÉS (Luizet).

D. Quelle différence existe-t-il entre la palmette à cordons obliques cintrés et celle que vous venez de décrire ?

R. La différence n'existe que dans la direction des branches ; celles de la palmette ordinaire sont toutes obliques et droites , tandis que toutes celles de la palmette Luizet représentent par leur position un quart de cercle dont les rayons vont toujours en diminuant à mesure qu'on forme un étage de branches. Ainsi, les deux premières sous-mères , sous lesquelles on prend aussi une tertiaire, forment un grand demi-cercle, les deux secondes sous-mères en forment un plus petit, et ainsi de suite jusqu'aux dernières.

D. Cette palmette est-elle plus difficile à conduire que le première ?

R. La taille et les autres soins sont absolument les mêmes ; seulement nous ferons remarquer que les branches latérales poussent avec plus de vigueur que celles de la palmette ordinaire , ce qu'il faut sans doute attribuer à leur extrémité très relevée.

D. Quelles sont les meilleures variétés de pêches à cultiver dans nos provinces ?

R. Les meilleures variétés de belles pêches sont la *Belle Bausse*, la *Desse hâtive*, la *Grosse Mignonne*, la *Pourprée hâtive*, la *Willermoz*, les *Madeleines blanche ordinaire*, *Mad. de Loisel*, la *Rouge hâtive*, *tardive*, celle de *Courson*, et la *Reine des vergers*.

DU POIRIER.

D. Comment cultive-t-on le Poirier ?

R. Le Poirier se cultive à l'air libre, en haute tige, en pyramide, en espalier, et sous les formes telles qu'elles sont représentées sur les planches, figures 1, 2 et 3. Il aime les sols profonds, substantiels, argilo-sablonneux et peu humides ; toutefois, il est plus ou moins difficile suivant la nature du sujet sur lequel il est greffé. Il vient aussi à toutes les expositions, mais dans ce cas encore il faut consulter la nature du sujet et celle de la variété ; car telle qui prospère bien au midi ne prospère pas au nord, comme celle qui pousse bien au nord ne végète pas très bien au midi. Un Poirier destiné à une plantation doit être sain, vigoureux et d'une à deux années de greffe ; cependant on peut en planter de plus âgés et de tout formés, mais il ne faut pas attendre longtemps pour les transplanter ; il faut surtout qu'ils aient été déplantés avec le plus grand soin, différemment leur reprise devient douteuse et leur végétation est toujours languissante.

D. Vous avez parlé de sujets destinés à recevoir la greffe ; quels sont ceux qu'il faut préférer, et comment leur nature influe-t-elle sur le poirier relativement à la qualité du sol ?

R. On peut greffer le poirier sur sauvageon et sur aubépine, mais on préfère le poirier franc obtenu de semis et le coignassier obtenu de la même manière ou par bouture et par drageon ; mais le coignassier semé est bien supérieur à ces deux dernières productions. Le poirier greffé sur aubépine peut végéter dans les sols peu profonds et dont le sous-sol est très humide ; ses fruits sont en général pierreux, secs et peu savoureux. Celui qui est greffé sur franc se plaît dans les terres profondes, meubles, plutôt sèches qu'humides, et dont le sous-sol est sablo-argileux. On doit préférer ce sujet pour greffer toutes les variétés faibles et délicates. Le cognassier aime les terrains argilo-sablonneux mélangés de gravier ; les variétés peu délicates de poiriers greffés sur ce sujet et plantées dans cette espèce de sol bien engraissé et bien amendé prospèrent très bien.

D. Dites-nous deux mots sur les greffes les plus simples appliquées au poirier, et faites-nous connaître les époques les plus favorables pour les exécuter.

R. La greffe à l'écusson à œil dormant est de toutes la meilleure et la plus simple ; elle se pratique du commencement d'août au milieu de septembre, selon que la saison est plus ou moins favorable. Vient ensuite la greffe anglaise, qu'on exécute à la fin de mars et qui est très solide, et enfin la greffe Lagrange, qui se pratique à la même époque et qui a le mérite de ne pas endommager le bois comme la greffe en fente.

D. Vous avez dit que toutes les variétés de poiriers ne prospèrent pas également à toutes les expositions ; veuillez vous expliquer sur ce point.

R. Les variétés qui produisent des fruits hâtifs et celles qui en produisent d'été peuvent être plantées au levant et au couchant ; quelques unes d'elles se plaisent même au nord, celles surtout qui fleurissent de bonne heure et qui sont susceptibles d'être atteintes dans leur floraison par les gelées tardives. Les poiriers dont les fruits mûrissent à la fin de l'automne aiment une exposition un peu chaude, et il faut à ceux qui produisent des fruits d'hiver celle du midi. Les variétés greffées sur cognassier se plaisent mieux au levant et au couchant qu'à une exposition trop méridionale.

D. Vous avez dit que le poirier était élevé en haute tige ; indiquez comment on doit s'y prendre pour commencer sa formation.

R. Le poirier destiné à faire un arbre à haut vent doit être greffé sur franc , soit en tête , soit près de terre. On le plante dans un sol profondément défoncé , ou dans un trou creusé large et profond , à une exposition abritée des grands vents. On ameublit la terre, si elle en a besoin, et on la fume avec de la cornaille mélangée par moitié de fine et de grosse ; toutes les racines brisées ou endommagées sont retranchées jusqu'au vif. L'arbre mis en place est taillé à la hauteur à laquelle on veut obtenir les premières branches de la charpente , si toutefois celle-ci n'est pas déjà commencée. On lui donne un tuteur qui doit atteindre à quinze centimètres environ du sommet. Il faut ensuite favoriser le développement des trois ou quatre bourgeons les plus rapprochés de la coupe , et avoir le soin de faire prendre aux rameaux développés une position telle qu'entre eux ils forment un triangle ou un carré régulier.

L'année suivante, on taille les trois ou quatre branches à quarante ou cinquante centimètres de leur naissance sur un bourgeon de côté ; ce bourgeon et celui qui lui est opposé doivent seuls se transformer en rameaux et présenter une espèce de fourche. On veillera à ce que cette bifurcation soit régulière , c'est-à-dire à ce que les rameaux soient de même force et occupent une position à peu près semblable. Tous les autres rameaux qui naissent en dessous des deux supérieurs sont pincés dès qu'ils ont atteint une longueur d'environ sept à huit centimètres. On supprime ceux qui font confusion. La troisième année, on taille toutes les branches à vingt-cinq ou trente centimètres au dessus de la naissance de leur bifurcation et toujours sur un bourgeon de côté. Comme l'année précédente , ce bourgeon et celui qui lui est opposé doivent se transformer en rameaux ; on fera pour ceux qui se développent en dessous ce qu'on a fait pour ceux de l'année dernière, c'est-à-dire qu'on les pincera.

D. L'éducation de cet arbre ainsi commencée, que reste-t-il à faire ?

R. L'arbre élevé en haute tige est presque toujours abandonné à lui-même après sa plantation, et c'est à tort ; car, outre les soins qu'on a donnés à sa première éducation, il en a besoin d'autres encore. En effet, il faut s'assurer si la répartition de la sève est égale sur toutes les branches, épointer celles qui l'emportent sur les autres par leur force et leur vigueur, surveiller les gourmandes, débarrasser l'arbre de ses vieilles écorces, l'approprier s'il se couvre de mousse ou d'autres plantes parasites, lui appliquer un lait de chaux de temps à autre, afin de détruire les insectes et l'espoir de leur génération. Enfin, lorsque sa fertilité commence à diminuer, il faut la ranimer ; pour cela, on enlève à une profondeur de quinze à vingt centimètres toute la terre, et cela aussi loin que peuvent s'étendre les racines, dont la largeur est à peu près déterminée par celle des branches. On rapporte dans cette espèce de tranchée de la bonne terre à laquelle on ajoute différentes matières nutritives, les unes d'une dissolution prompte, les autres d'une dissolution lente, telles que, par exemple, les fumiers consumés imbus de purin, la cornaille moitié fine moitié grosse, les animaux morts dépecés, etc. etc.

### DU POIRIER PYRAMIDE.

D. Qu'entend-on par pyramide, et comment la forme-t-on ?

R. Le poirier dirigé en pyramide représente, lorsqu'il est formé, le monument qui porte ce nom ; ainsi ses branches inférieures sont longues et obliques ; celles qui forment le second étage, également obliques, sont moins longues que les premières, et ainsi de suite jusqu'au sommet. Pour former une pyramide, on choisit, comme nous l'avons déjà dit, un poirier d'un à deux ans de greffe. S'il a été bien déplanté et qu'il soit muni de bonnes et nombreuses racines, on le taille après la mise en place à quarante ou cinquante centimètres du niveau du sol, sur le bourgeon opposé au côté où la greffe a été placée. S'il n'a que peu de racines ou qu'elles soient en mauvais état, on se contente de l'habiller, c'est-à-dire qu'on équilibre la ramification de la tige avec la ramification des racines, en supprimant une partie de la ramification ou l'extrémité de la tige s'il n'existait pas de ramification.

D. N'y a-t-il pas des auteurs qui disent qu'il ne faut pas tailler le poirier l'année de la plantation ?

R. En horticulture comme en beaucoup d'autres opérations, on pousse malheureusement les choses à l'extrême. On généralise tout, on écrit, on conseille, et on n'observe pas ou on observe superficiellement. Il suffit qu'une chose ait réussi par tel ou tel procédé pour que toutes doivent réussir de même. Cependant il n'en est pas ainsi, et de nombreuses expériences viennent souvent prouver le contraire de ce qui a été dit et consigné. Aussi ne faut-il pas toujours suivre à la lettre toutes les recettes enregistrées avant de s'être assuré si elles sont irréprochables.

D. Que résulte-t-il de cette première taille ?

R. Le bourgeon sur lequel la coupe a été pratiquée se développe en un rameau qu'il faut conduire aussi droit et aussi verticalement que possible ; on favorise celui des cinq ou six les plus rapprochés du sommet, et on leur fait prendre une direction légèrement oblique. Si l'un d'eux s'emporte ou s'incline, on le pince ; le pincement se pratique également sur le rameau vertical ; si ses bourgeons inférieurs semblent rester petits et incapables de se développer à la taille suivante, ou si ce rameau prenait de trop fortes proportions, et pour que les rameaux latéraux soient également distancés entre eux, on plante en

6

terre de petits tuteurs qui servent à les fixer à la place qui leur est assignée. Si l'arbre planté était âgé de deux ans et qu'il fût pourvu de bonnes racines et surtout de belles et bonnes ramifications bien placées, on taillerait la tige plus haut et les rameaux de manière à ce que les inférieurs soient plus longs que les supérieurs; ainsi les premiers seraient coupés environ à moitié de leur longueur, et les seconds à peu près aux deux tiers. Pendant l'été qui suit la plantation et la première taille de cet arbre de deux ans, l'horticulteur aura quelques précautions à prendre. Ainsi il donnera une bonne direction aux nouveaux rameaux, soit au moyen de baguettes, soit au moyen de tuteurs; il pincera tous les rameaux qui naissent sur les branches au dessous du rameau terminal, lorsqu'ils auront atteint une longueur de sept à dix centimètres. Cette opération ne doit se faire ni trop tôt ni trop tard, toujours alternativement et avec la plus grande précaution; enfin il sera bon pendant l'année de tenir le sol paillé.

D. Comment exécutez-vous la deuxième taille?

R. Avant de commencer la taille de la seconde année, il faut considérer comment l'arbre a végété pendant la première, se rappeler sa fertilité si on la connait et le sujet sur lequel il est greffé, et opérer ensuite. Si l'arbre a bien poussé et que ses branches soient fortes et bien développées, on taille la tige sur un bouton opposé à son inclinaison, à trente ou trente-cinq centimètres au dessus de la taille précédente, de manière à obtenir un second étage de branches à quinze ou vingt centimètres au dessus des premières; celles-ci sont taillées long sur un bourgeon de dessous. Si, au contraire, l'arbre a peu poussé et que toutes ses ramifications soient faibles et munies de gros bourgeons, il faudra les tailler court. (Par le mot *long* on entend tailler sur dix à douze bourgeons; au dessus de ce nombre, c'est tailler très long. Par le mot *court*, sur trois à cinq, et par le mot *très court*, sur un ou deux au plus.) On continuera pendant l'année tous les soins de direction, de pincement, de paillis, etc.

D. La troisième taille diffère-t-elle de la seconde?

R. Le raccourcissement des branches, la direction et le palissage de leur prolongement, en un mot, tous les autres soins sont absolument les mêmes; seulement les rameaux pincés les années précédentes sont surveillés de près. S'ils sont trop longs, on les casse à un centimètre au dessus de deux ou trois bourgeons qu'on reconnait à leur forme devoir être des bourgeons à fruit; si quelques unes de ces petites productions étaient trop volumineuses, on les réduit à de plus petites proportions, mais toujours avec le soin de réserver sur chacune d'elles quelques bourgeons à fruit bien placés; en un mot, il faut que toutes ces sortes de branches fruitières soient propres, gracieuses et convenablement espacées entre elles. Il arrive souvent que, malgré le pincement, celles qui sont placées sur la face supérieure des branches ont une tendance à ne pas se mettre à fruit; on dirait au contraire qu'elles attendent un moment favorable pour reprendre leur liberté et redevenir branches à bois. Dans cette circonstance, on les retranche sur la couronne, et à leur place apparaissent bientôt une ou deux petites productions qui souvent n'ont pas besoin d'être pincées, car elles poussent ordinairement peu; toutefois il ne faut pas les perdre de vue.

D. Lors de la quatrième taille, n'est-on pas dans l'usage de tailler plus court les branches inférieures et plus long les supérieures?

R. Quelques praticiens ont cette habitude; nous ne prétendons pas la blâmer, mais nous ne la conseillons pas. Nous préférons attendre une ou deux années de plus, afin de donner aux branches inférieures le temps nécessaire d'acquérir plus de force et plus de développement; à la sixième taille, lorsque cette bonne constitution est acquise, on taille les branches inférieures sur six à huit bourgeons, c'est-à-dire plus court que les années précédentes. Celles du milieu de l'arbre et celles de la partie supérieure sont au contraire tenues un peu plus longues que précédemment; quant à la flèche, elle est traitée comme par le passé.

D. Un poirier conduit en pyramide et qui est ainsi taillé tous les ans doit acquérir une hauteur prodigieuse, et cependant on n'en rencontre pas dans nos contrées de bien remarquables par leur dimension.

R. En effet, on ne trouve pas de belles pyramides dans nos jardins, et en voici les causes : 1° Si on allonge trop la taille des branches inférieures pendant les premières années de la plantation, on les force à se couvrir de fruits. Or, comme les fruits sont très avides de sève, il arrive qu'ils en absorbent beaucoup plus que les branches, qui, par conséquent, ne grossissent et ne s'allongent que médiocrement; tandis que celles de la partie supérieure, qui sont encore dépourvues de fruits et qui sont plus verticales que les inférieures, reçoivent une sève plus abondante et poussent plus vigoureusement. Alors l'arbre grandit, il gagne en hauteur, mais son diamètre ne s'élargit plus que très faiblement; il perd ses proportions; il cesse d'être une pyramide, dont le plus grand diamètre doit en général égaler le tiers de la hauteur. 2° On plante les poiriers destinés à former des pyramides trop rapprochés les uns des autres; ainsi, au lieu de les planter à trois mètres cinquante centimètres ou quatre mètres, on les plante le plus souvent à deux ou deux mètres trente centimètres, et il arrive qu'en très peu de temps ils se touchent tous, et qu'il est impossible de leur faire acquérir le diamètre voulu. 3° Enfin, on plante un arbre aujourd'hui, et demain déjà on veut qu'il rapporte; on s'inquiète plutôt de son rapport que de sa santé. En un mot, on plante pour soi, les neveux planteront pour eux; telles sont les causes pour lesquelles les beaux arbres sont si rares.

D. N'oubliez-vous pas la cause principale de cette absence de beaux arbres en pyramide ?

R. Il est vrai que nous aurions pu parler de la routine et dire qu'elle est aussi une cause ; mais ce serait nous reporter au temps où elle faisait règle, et ce temps est déjà loin, car aujourd'hui elle ne fait plus qu'exception, et ces exceptions fort heureusement sont rares.

D. Lorsque l'arbre arrive à remplir la place telle que vous la désirez, comment le traitez-vous ?

R. Si l'arbre est planté dans un bon sol et à une distance de quatre mètres de son voisin, il sera facile de lui faire acquérir de grandes dimensions en le taillant annuellement de la même manière, mais chaque année un peu plus court, attendu que plus il vieillira, plus il sera fertile et moins il poussera. Lorsqu'il sera arrivé à remplir tout l'espace qui lui est réservé, on pince les bourgeons de prolongement des branches latérales lorsqu'ils ont atteint une longueur de vingt-cinq à trente-cinq centimètres, longueur qu'on ne remarque pas souvent sur des arbres fertiles et surtout déjà un peu âgés. Si, après la taille, les rameaux de prolongement semblent demeurer petits, on ne les pince pas, et, à la taille suivante, on les coupe sur l'œil le plus rapproché de la base. En un mot, la flèche seule et les branches supérieures peuvent être allongées chaque année de quelques centimètres ; tous les ans on applique les soins que nous avons indiqués, et on ne néglige pas ceux qui peuvent contribuer à la santé de l'arbre, tels que le raclage et le nettoyage des vieilles écorces, la chasse aux insectes, etc., etc.

### DU POIRIER EN PALMETTE A BRANCHES OBLIQUES.

D. Comment procède-t-on à la plantation et à la taille du poirier dirigé en palmette ?

R. On procède à la plantation de la même manière qu'on procède à celle du pêcher, c'est-à-dire, grands trous remplis de bonne terre enrichie d'engrais fertilisants et durables, choix d'individus sains, robustes, vigoureux et propices à être cultivés contre un mur. Suivant l'état de l'arbre, on l'habille ou on le taille à quarante ou cinquante centimètres au dessus du sol, sur un bourgeon de devant, près duquel se trouve de chaque côté un bon bourgeon destiné l'un et l'autre à former les deux premiers membres. Avant leur développement, on attache contre les liteaux deux petites baguettes qui par leur position forment un V; c'est sur ces deux baguettes qu'on palisse les deux rameaux de côté. Si la tête de l'arbre ne tombait pas parfaitement vis-à-vis d'un liteau pour pouvoir palisser facilement le rameau vertical, il faudrait également placer une troisième baguette. Pendant l'année on surveille le développement de ces trois rameaux, et on a soin que les deux latéraux prennent plus d'acroissement que celui du milieu. L'année suivante, on taille les deux de côté au tiers ou à la moitié de leur longueur, suivant leur force, sur un bourgeon de devant. La branche mère est taillée à trente ou trente-cinq centimètres de la naissance des deux premières de côté, afin d'obtenir, à vingt ou vingt-cinq centimètres au dessus d'elles, deux autres branches semblables. Lorsque l'arbre est bien vigoureux, quelques personnes taillent à cinquante centimètres pour prendre deux étages en même temps; mais c'est encore une pratique que nous ne pouvons pas recommander. Au moment du développement des bourgeons, on éborgne, on pince, on ébourgeonne tout ce qui en a besoin; les bourgeons qui naissent sur la tige principale et qui ne sont pas destinés à former des branches ni le prolongement doivent être éborgnés aussitôt que le développement des autres est parfaitement assuré. Le pincement se pratique sur les rameaux de dessus, de devant et de dessous; ceux de derrière sont éborgnés. Comme ces rameaux demeurent très courts, il est inutile de les palisser; toutefois le palissage peut s'appliquer aux dards longs et flexibles, terminés par un ou deux bourgeons à fruit, pour les préserver d'être agités par le vent et d'être rompus par le poids du fruit.

D. Les années suivantes, les branches latérales ne réclament-elles pas quelques soins ?

R. A mesure que les branches latérales grossissent et grandissent, on les rapproche de la place qu'elles doivent occuper. Lorsque l'arbre est entièrement formé, tous les autres soins se réduisent à ceux que nous avons indiqués pour le poirier en pyramide.

DU POIRIER EN CORDON DOUBLE ET OBLIQUE ( Dubreuil ).

D. Quels sont les avantages que présente la forme en cordon double ?

R. Les avantages de cette forme sont les mêmes que ceux que procure la forme à cordon simple du pêcher, c'est-à-dire garnir en quatre ou cinq ans le même espace qu'on ne peut garnir qu'en dix-huit ou vingt avec toute autre forme, n'avoir pour chaque individu que deux branches à tailler et à conduire, au lieu de trente à quarante et plus ; en un mot, travail moins pénible, opération plus simple et plus facile, récolte plus prompte, fruits beaux et abondants, tels sont les avantages du cordon double oblique, inventé par l'habile et savant professeur Dubreuil.

D. Tous les poiriers réussissent-ils sous cette forme ?

R. Cette forme est nouvelle, et on n'a pas encore eu le temps d'étudier les variétés les plus propices pour former le cordon double ; toutefois, comme depuis longtemps on cultive le poirier en cordon simple, double, oblique à l'air libre, l'expérience a démontré que les variétés fertiles sur franc sont préférables à toutes les autres. Ainsi, pour le cordon double oblique, on peut recommander, sans crainte de se tromper, le *Doyenné d'hiver* ou *Bergamotte de Pentecôte*, le *Bon-Chrétien Napoléon*, le *Triomphe de Jodoigne*, la *Duchesse d'Angoulême*, le *Beurré Davy*, le *Beurré d'Amanlis*, le *Van Mons de Léon Leclerc*, le *Colmar d'Aremberg*, en un mot toutes les bonnes va-

riétés qui végètent à peine sur cognassier et qui s'épuisent promptement.

D. Comment procédez-vous à la plantation et à la taille ?

R. On fait contre le mur une tranchée profonde d'un
mètre trente centimètres et large d'un mètre, qu'on
remplit comme nous avons dit pour le poirier en palmette. On fait choix d'arbres d'un an de greffe non rami-
fiés, mais toujours bien sains et bien vigoureux ; on les
plante à vingt-cinq centimètres du mur et à soixante-cinq
ou soixante-dix centimètres les uns des autres, et tous
sont inclinés du même côté sur un angle de soixante
degrés et taillés au tiers environ de leur longueur sur un
bourgeon de devant. Pendant l'été, on pince tous les
rameaux qui se développent au dessous du terminal, et on
favorise le développement de ce dernier, qu'on tient palissé
sur le même angle de soixante degrés. L'année suivante,
on le taille encore en tiers de la longueur de la nouvelle
pousse ; on casse toutes les petites ramifications pro-
duites après le pincement, si toutefois il en existe, et
on donne les mêmes soins que l'année précédente. La
troisième année, on taille, on pince de même, on appro-
prie les branches à fruit, on les écourte si elles sont
trop longues, et on incline la branche sur l'angle de quarante-cinq degrés, position qu'elle ne doit plus quitter à
l'avenir, à moins qu'elle ne s'arrête brusquement de
pousser. Pendant l'été on cherche à faire développer un
rameau sur la courbure de l'arbre, c'est-à-dire près du sol ;
ce rameau est tenu vertical pendant l'année ; le printemps
suivant on l'incline sur la branche, mais sur un angle de
soixante degrés seulement ; on le taille sur un bourgeon
de devant, et on le conduit comme la première branche ;
lorsqu'il a acquis assez de force et de développement, il
prend sa place sur l'angle de quarante-cinq degrés. De
cette manière, ces deux cordons parallèles, qui sont
espacés de vingt à vingt-cinq centimètres l'un de l'autre,
marchent ensemble en ligne droite et oblique jusqu'à

ce qu'ils aient atteint le sommet du mur, dont les deux extrémités se garnissent par deux arbres traités de la même manière que nous l'avons indiqué pour le pêcher conduit sous la forme de cordon oblique.

D. Etes-vous bien certain de faire développer pendant l'été de la troisième année, à la base de votre arbre, un rameau propre à former votre second cordon, et ne pourriez-vous pas le faire développer plus tôt?

R. On sait que des bourgeons se développent très facilement sur les courbes, mais nous sommes parfaitement d'avis de ne pas attendre la troisième année pour obtenir celui dont on a besoin dans cette circonstance, et nous pensons au contraire que, puisque l'arbre ne doit avoir que deux cordons, on peut en toute sécurité les prendre la même année et les conduire ensemble, en n'inclinant toutefois celui de dessus que la seconde année; de cette manière on est au moins sûr d'obtenir le rameau, tandis qu'en attendant la troisième année, on peut ne pas réussir ou ne réussir qu'imparfaitement. Le Poirier conduit en spirale Luizet se taille de la même manière. (Voir les dessins à la fin de l'ouvrage.)

## LISTE DES MEILLEURES POIRES.

### Fruits d'été,

C'est-à-dire dont la maturité se succède jusque vers la fin du mois de septembre.

*Beau-Présent*, synonymie *Epargne*, *Saint-Samson*, etc. — Arbre d'une très grande fertilité, qu'il convient d'élever sur franc et en espalier, attendu qu'il pousse d'une manière très irrégulière. Le fruit, souvent piqué par les vers, n'est réellement de première qualité que lorsque l'arbre est cultivé dans un sol sec. On peut élever cette variété en haute tige.

*Beau-Présent d'Artois.* — Arbre d'une grande fertilité, qu'il faut greffer comme le précédent; toutefois, il réussit bien sur cognassier, fait de belles pyramides, produit un gros fruit allongé qui n'est de premier choix qu'à la sortie du fruitier.

6.

*Bergamotte d'été*, *Beurré blanc* ( qui a donné une variété panachée), etc. — Arbre très fertile, qu'il faut greffer sur franc pour pyramide et haute tige. C'est une variété qui demande d'être surveillée au fruitier ; elle est grosse ou moyenne.

*Beurré d'Amanlis* ( a donné une variété panachée ). — Arbre d'une grande fertilité, qu'il faut greffer de préférence sur franc et conduire en pyramide, haute tige et espalier. La variété panachée végète mal greffée sur cognassier. Il donne de beaux et gros fruits exquis.

*Beurré Giffard.* — Arbre fertile, qu'on peut élever sur cognassier et sur franc, plutôt en espalier et en haute tige qu'en pyramide, vu la grande flexuosité de ses rameaux. Le fruit est d'une belle couleur, de toute première qualité et d'une jolie grosseur.

*Beurré Navez de Van Mons.* — Arbre très fertile sur cognassier, sur lequel il s'épuise promptement, moins fertile sur franc. Fruit de moyenne grosseur, exquis.

*Beurré superfin.* — Arbre peu fertile dans sa jeunesse, qu'on peut cultiver sur cognassier ou sur franc, pour pyramide, espalier et haute tige. Fruit gros ou moyen, exquis.

*Bezy de Montigny des Belges.* ( Ne pas le confondre avec le *Doyenné musqué*, vulgairement nommé *Bezy de Montigny*.) — Arbre d'une grande fertilité, d'une grande vigueur même sur cognassier. Fruit moyen, exquis.

*Bon-Chrétien William.* — Arbre très fertile, qu'on peut greffer sur cognassier, mais mieux sur franc, et qu'on élève en pyramide, en espalier et même en haute tige. Fruit gros ou très gros, très musqué.

*Bonne d'Ezée.* — Arbre très fertile, mais peu vigoureux sur cognassier, moins fertile sur franc dans sa jeunesse, propre à la pyramide et à l'espalier. Fruit gros ou assez gros.

*Citron des Carmes*, vulgairement *Saint-Jean* à Lyon. —

Arbre des plus fertiles, qu'on cultive sur cognassier ou sur franc pour pyramide et haute tige. Ce fruit, plutôt petit que moyen, est rarement mangé dans toute sa perfection ; il abonde sur les marchés, mais toujours trop vert ou trop passé.

*Colorée d'août.* — Arbre peu fertile dans sa jeunesse, qu'on peut élever sur cognassier et sur franc pour pyramide, espalier et haute tige. Fruit moyen d'une très belle couleur rouge-vermillon.

*Doyenné de juillet*, d'origine française et non pas belge. — Arbre très fertile, qu'il vaut mieux greffer sur franc que sur cognassier, et qu'on élève en pyramide et en haute tige. Fruit petit, doué d'un arome particulier.

*Heathcot de Gore.* — Fertile, cognassier ou franc, pyramidal, espalier. Fruit gros ou moyen, exquis.

*Jalousie de Fontenay.* — Arbre très fertile à cultiver sur franc pour pyramide et haute tige. Fruit moyen ou gros, exquis.

*Gros Rousselet d'août de Van Mons.* — Arbre fertile sur cognassier ou sur franc pour pyramide, espalier ou haute tige. Très beau fruit à long pédicelle, exquis.

*Seigneur Esperen*, synonymie *Bergamotte Fiévée*, *lucrative*, *etc.* — Arbre fertile, vigoureux sur franc et sur cognassier, suivant la nature du sol ; il forme de jolies pyramides et donne des fruits moyens, mais délicieux.

*Beurré Saint-Nicolas.* — Arbre chétif sur cognassier, mais d'une très grande fertilité ; il vaut mieux le greffer sur franc pour pyramide ou espalier. Ses fruits sont d'une belle grosseur, d'un beau coloris et délicieux.

### *Fruits d'automne*,

Dont la maturité se succède depuis le mois de septembre jusqu'au mois de décembre.

*Ananas.* — Arbre très fertile, mais qu'il faut greffer sur

franc et élever en pyramide ou en haute tige. Fruit petit, délicieux.

*Bergamotte Crassanne d'automne.* — Arbre fertile, mais qui réclame un sol frais, l'espalier et l'exposition du levant ou du midi. Fruit moyen ou gros, de toute première qualité.

*Beurré Aurore.* — Arbre très fertile sur cognassier, sur lequel il s'épuise promptement ; on l'élève en pyramide, en espalier ou en haute tige. Fruit moyen.

*Beurré gris.* — Arbre fertile, qu'il faut greffer sur franc et élever en pyramide, espalier et haute tige.

*Beurré des Charneuses.* — Arbre très fertile sur cognassier, un peu moins sur franc, pour pyramide, espalier et haute tige. Fruit moyen ou assez gros, exquis.

*Beurré Davy.* — Arbre très fertile, mais d'une vigueur moyenne sur cognassier ; il forme de belles pyramides, se cultive en espalier et produit des fruits superbes qu'il faut bien saisir à point.

*Beurré Kennes.* — Arbre très fertile, peu vigoureux sur cognassier ; il vaut mieux le greffer sur franc, l'élever en pyramide ou en espalier. Il produit des fruits moyens ou assez gros, délicieux.

*Beurré Picquery.* — Arbre très fertile sur cognassier, qu'il épuise promptement, peu fertile dans sa jeunesse lorsqu'il est greffé sur franc, propre à la pyramide et à l'espalier. Fruit moyen ou gros, exquis.

*Bon-Chrétien Napoléon.* — Arbre d'une grande fertilité, donnant de plus beaux fruits sur franc que sur cognassier, propre à la pyramide et à l'espalier. Fruit moyen ou gros.

*Des Deux Sœurs.* — Arbre très fertile sur cognassier ou sur franc ; il forme de magnifiques pyramides. Le fruit est moyen ou gros, allongé, rarement coloré.

*Doyenné blanc*, vulgairement *Beurré blanc.* — Arbre

très fertile, mais qu'il faut greffer sur franc pour l'élever en pyramide, espalier et haute tige. Fruit moyen ou gros, exquis lorsqu'il est mangé à point.

*Doyenné roux*, synonymie *Doyenné gris*, non pas *Beurré gris*. — Arbre très peu vigoureux sur cognassier, qu'il faut par conséquent greffer sur franc, pour pyramide, espalier et haute tige. Fruit moyen ou assez gros, exquis.

*Duchesse d'Angoulême* (a donné une variété panachée). — Arbre très fertile sur cognassier et sur franc pour pyramide, espalier et même haute tige. Fruit gros et délicieux si l'arbre est cultivé dans un sol léger et chaud.

*Jules Bivort*. — Arbre fertile même dans sa jeunesse, sur cognassier, propre à la pyramide ou à l'espalier. Fruit gros, exquis.

*La Juive*. — Arbre vigoureux, mais peu fertile dans sa jeunesse, même sur cognassier; il forme de belles pyramides. Ses fruits sont gros, exquis.

*Lewis*, synonymie *Leurs*. — Arbre assez vigoureux sur cognassier, plus encore sur franc, mais peu fertile dans sa jeunesse, propre à la pyramide et à l'espalier. Fruit gros, exquis.

*Louise-Bonne d'Avranches*. — Arbre d'une grande fertilité sur cognassier et sur franc, pour pyramide et espalier. Fruit moyen ou gros, exquis, surtout si l'arbre est planté dans un sol léger.

*Nouveau Poiteau*. — Arbre très fertile et vigoureux, même sur cognassier; il forme de belles pyramides et convient pour l'espalier. Fruit plutôt gros que moyen, qui ne change pas de couleur à sa maturité, mais dont le goût rappelle celui du *Beurré gris*. Il préfère les sols légers et chauds.

*Saint-Michel archange*. — Arbre très fertile sur cognassier et sur franc; il s'élève en pyramide et en espalier. Ses fruits sont plutôt gros que moyens.

*Soldat-Laboureur.* — Arbre très fertile et vigoureux dans les sols un peu secs ; il forme de belles pyramides, s'élève également en espalier. Ses fruits exquis sont d'une belle grosseur.

*Van Mons de Léon Leclerc.* — Arbre fertile, mais très délicat, qu'il faut greffer sur franc et planter dans un sol meuble et profond, élever en pyramide ou espalier. Le fruit est gros et délicieux. Si l'arbre était aussi vigoureux que le fruit est beau et bon, ce serait une des plus belles conquêtes de la pomologie.

*Vineuse d'Esperen.* — Arbre d'une bonne fertilité, qu'on greffe sur cognassier ou sur franc, et qu'on élève en pyramide ou haute tige. Fruit moyen.

### *Fruits d'hiver,*

Dont la maturité se succède depuis le mois de décembre jusqu'au mois d'avril.

*Belle de Noël.* — Arbre fertile, mais après quelques années de plantation, peu vigoureux sur cognassier ; il s'élève en pyramide ou en espalier. Fruit moyen, assez gros, d'une belle couleur.

*Bergamotte d'Esperen.* — Arbre très fertile et vigoureux même sur cognassier ; on l'élève en pyramide ou en espalier, mais il aime une terre sèche et chaude. Le fruit est d'une belle grosseur.

*Beurre Clairgeau.* — Arbre d'une grande fertilité, qu'il faut par conséquent greffer sur franc plutôt que sur cognassier, bien qu'il se plaise sur ce dernier sujet ; il forme de belles pyramides. Le fruit est beau, lisse, parfois lavé d'une belle couleur rouge. Il n'est pas encore bien apprécié ; toutefois, nous espérons de ne pas être obligé de le déclasser pour le reporter dans la section des bons fruits seulement.

*Beurré d'Arenberg* (Orpheline d'Enghien). — Arbre très fertile, qu'il faut greffer sur franc ; il pousse peu sur cognassier ; il se plaît contre les murs, dans les sols légers, secs et abrités. Le fruit est moyen ou gros, exquis.

*Beurré d'Hardenpont*. — Arbre vigoureux même sur cognassier, fertile; il faut l'élever en espalier et dans les mêmes conditions que le précédent. Le fruit est gros et de toute première qualité.

*Beurré Diel*. — Arbre très fertile sur cognassier et sur franc, mais qu'il convient d'élever en espalier. Fruit gros si l'arbre est en pyramide, et très gros s'il est en espalier.

*Beurré gris d'hiver nouveau*. — Arbre très fertile, mais peu vigoureux sur cognassier; il convient donc mieux de l'élever sur franc et de le planter pour pyramide ou espalier dans un sol chaud et sec. Le fruit est gros ou très gros. Si l'arbre est planté dans un sol gras et fort, les concrétions pierreuses abondent autour des loges séminales.

*Bezy de Chaumontel*. — Arbre d'une grande fertilité, assez vigoureux même sur cognassier, qu'on greffe aussi sur franc, mais qui ne se cultive bien qu'en espalier, en terre légère. Fruit moyen s'il est récolté sur haute tige, gros ou très gros s'il est récolté sur espalier ou sur un arbre déjà greffé, ce qu'on nomme greffe sur greffe (1). Le *Bezy de Chaumontel* est de toute première qualité si l'on saisit bien le moment de la maturité; différemment il est mauvais.

*Bezy Vaël*. — Arbre délicat, qu'il convient de greffer sur franc, peu fertile dans sa jeunesse, même sur cognassier; il s'élève en pyramide ou en espalier, mais dans les sols secs et chauds. Fruit moyen, qui a le mérite de ne pas blétir.

*Bon-Chrétien de Rancé*. — Arbre très fertile même sur franc; on l'élève en pyramide, en haute tige, mais mieux en espalier, en sol chaud. Le fruit est gros ou très gros.

(1) Il est prouvé, par de nombreuses expériences, que la greffe sur greffe procure au fruit une saveur particulière, qu'elle le fait plutôt grossir que diminuer, et qu'elle fait recouvrer toute la beauté et toute la fraîcheur primitives à celui qui mal à propos est taxé de dégénération; la greffe à fruit, qui est une greffe sur greffe, en fournit des exemples assez nombreux.

*Broom-Park.* — Arbre fertile sur cognassier et sur franc ; sur ce dernier sujet, il lui faut une taille un peu longue ; on l'élève en pyramide ou en espalier. Le fruit a la couleur et la forme du *Bezy de la Motte*, mais il est plus petit.

*Doyenné d'hiver* (Bergamotte de Pentecôte). — Arbre très fertile sur cognassier et sur franc ; il préfère l'espalier à toute autre forme ; toutefois, il rapporte en pyramide, mais les fruits sont plus petits. Une exposition chaude et un sol léger lui sont très favorables.

*Doyenné d'hiver nouveau.* — Arbre très fertile, qu'il importe de cultiver comme le précédent. Dans un sol gras et humide, le fruit devient pierreux.

*Grand-Soleil.* — Arbre peu vigoureux, peu fertile dans sa jeunesse, qu'on cultive sur cognassier et sur franc, et qu'on élève en pyramide et en espalier. Fruit d'une belle grosseur, de couleur fauve, délicieux.

*Joséphine de Malines.* — Arbre peu fertile dans sa jeunesse, surtout s'il est greffé sur franc et élevé en pyramide ; il serait plus convenable de le greffer sur cognassier et de l'élever en espalier, où il produit des fruits d'une belle grosseur et exquis.

*Monseigneur Affre.* — Arbre fertile, encore peu cultivé sur franc ; il fait une assez belle pyramide ; nous pensons qu'il conviendra de l'élever en espalier. Le fruit est moyen ; sa forme et sa couleur rappellent celles de la *Bergamotte Crassanne d'hiver ;* on trouve quelques fruits sur l'arbre qui prennent la forme de *Doyenné.* Nous n'avons dégusté cette variété que cette année seulement ; mais nous avons trouvé trois spécimens si délicieux, qu'il nous semble presque impossible que cette variété ne se soutienne pas.

*Ne plus muris.* — Arbre d'une grande fertilité, qu'il vaut mieux greffer sur franc que sur cognassier et élever en pyramide ou en espalier. Fruit d'une belle grosseur et d'une jolie couleur.

*Passe-Colmar.* — Arbre fertile sur cognassier et élevé

en pyramide ou en espalier, moins fertile sur franc. Cette variété réclame des soins particuliers de taille, de pincement, etc. Le fruit est moyen ou gros, mais toujours délicieux.

*Suzette de Bavay.* — Arbre prodigieusement fertile, greffé sur cognassier et sur franc; il forme de très belles pyramides. Le fruit, de très bonne qualité et d'une longue conservation, est petit.

Nous sommes bien loin d'avoir épuisé la liste des poires de premier ordre, mais nous ne sommes pas en mesure de la compléter quant à présent, et, malgré que nous ayons dégusté une multitude de variétés qui nous ont paru exquises et délicieuses, nous attendrons encore une ou deux récoltes pour pouvoir les juger plus amplement et ajouter leurs noms à la liste qui précède. Nous nous sommes trompé si souvent, nous avons été tellement induit en erreur, que nous avons pris la ferme résolution de ne plus parler de fruits qu'après une étude longue et sérieuse.

## DU POMMIER.

D. Après nous avoir entretenus du poirier, dites-nous quelques mots du Pommier.

R. La culture du Pommier est à peu près la même que celle du poirier. On le cultive en espalier ou pyramide et en haute tige, c'est sous cette dernière forme qu'il est le plus généralement élevé. Il se greffe sur *franc*, c'est-à-dire sur Pommier obtenu de semis, sur *pommier doucin* et sur *pommier paradis*, qu'on multiplie comme le cognassier par le marcottage ou par la bouture; le sujet franc convient pour les arbres à haute tige, le doucin pour les pyramides et les espaliers, et le paradis pour les arbres nains qu'on nomme buissons. Les Pommiers greffés sur paradis donnent de beaux fruits, mais ils vivent peu de temps; le Pommier greffé sur franc préfère les plaines et les collines aux coteaux élevés; il aime surtout les sols

sablo-argileux mêlés de gravier. Il devient un peu plus
difficile lorsqu'il est greffé sur doucin et paradis ; il lui
faut alors une terre plus douce, plus meuble et plus fraîche ; il prospère mieux planté au levant et au couchant
qu'au midi, n'importe sous quelle forme il est dirigé.
Les variétés ne se prêtent pas également à toutes les formes ; les reinettes de Canada, d'Angleterre, de Douai,
les Calvilles blanc et rouge d'hiver, etc., se cultivent
avantageusement en espalier, gobelet, pyramide et buisson. Une multitude d'autres se plaisent mieux en haute
tige.

Le choix des arbres destinés à être plantés, le mode et
les soins de plantation, tout en un mot de ce que nous
avons dit du poirier s'applique au Pommier.

D. La taille dont vous ne parlez pas est-elle la même
que celle du Poirier ?

R. Attendu que les bourgeons inférieurs des branches
du pommier sont en général toujours petits et mal con-
formés et qu'ils ne se développent pas si on taille trop
long, il faut par conséquent tailler de manière à ce qu'ils
ne s'éteignent pas, c'est-à-dire plus court que le poirier ;
différemment les branches offriraient des vides sur plusieurs points. Les branches à fruit obtenues par le pincement doivent être aussi plus soignées que celles du poirier, parce qu'elles se ramifient davantage, surtout lorsque l'arbre est vigoureux. Pendant les premières années
de leur formation, on se contentera de casser toutes les
ramifications qui tendent à prendre trop de force, et plus
tard on les taillera comme celles du Poirier, c'est-à-dire
qu'on conservera sur chacune d'elles deux ou trois bourgeons à fruit bien constitués ou qui ont une tendance
prononcée à le devenir.

LISTE DES POMMES DE PREMIER CHOIX.

*Api rose*, pour haute tige ;
*Belle Dubois*, pour espalier, nain et pyramide ;
*Belle de Douai*, pour espalier, nain et pyramide ;
*Belle du Havre*,  —    —    —
*Belle Josephine*, pour nain ou espalier, très gros fruit mais de second choix ;
*Cadeau du général*, pour espalier, nain et pyramide ;
*Calville blanc*, pour espalier, nain et haute tige ;
— *rouge*,  —    —    —
— *d'Anjou*,  —    —    —
*Court-pendu*, pour haute tige ;
*Fenouillet gris*,  —    —
— *jaune*,  —    —
*Francatu romain*, pour pyramide, nain et haute tige ;
*Large Gellow*, pour nain. Fruit très gros, de courte conservation et de second choix ;
*Moss's incomparable*, pour nain, espalier. Fruit magnifique ;
*Nortern Spy*, pour nain, espalier. Fruit superbe ;
*Pigeon d'hiver*, pour haute tige ;
*Postdorpff*, pour nain, espalier, pyramide et haute tige ;
*Reinette d'Angleterre* ou *Grosse Reinette d'Angleterre*, pour nain, espalier et haute tige ;
*Reinette d'Allemagne*, pour haute tige ;
— *de Granville*  —    —
— *de Caux*, pour nain, espalier et pyramide ;
— *d'Espagne*,  —    —    —
— *de Hollande* ou *d'Anthésieux*, pour nain, espalier et haute tige ;
— *de Versailles*, pour haute tige ;
— *dorée*,  —    —
— *du Canada*, pour nain, espalier, pyramide et haute tige ;

*Reinette franche*, pour haute tige ;
—     *grise d'hiver*,    —     —
—     *monstrueuse*, pour nain, espalier ;
—     *royale*, pour haute tige ;
—     *Saint-Sauveur* ou *Calville Saint-Sauveur*, pour nain, espalier et haute tige ;
—     *Sire de Fauquemont*, pour nain, pyramide ;
—     *Surpasse-Reinette*, pour espalier, haute tige ;

## DU PRUNIER.

D. Veuillez nous entretenir du Prunier.

R. De tous les arbres fruitiers, le prunier est le moins difficile sur la nature du sol et de l'exposition. Il pousse, il fleurit et rapporte là où ni le poirier ni le pommier ne peuvent prospérer. Dans quelques gorges du mont Jura, on ne trouve pas d'autres arbres fruitiers que le prunier, le plus souvent implanté dans des débris de roches calcaires mélangées d'argile. La partie méridionale la plus élevée de l'École d'horticulture du Rhône est un terrain composé de quatre-vingt quinze pour cent de cailloux, de gravier et de sable siliceux, et de cinq pour cent d'argile et de calcaire ; c'est, en un mot, le sol le plus ingrat, et cependant le Prunier ne semble pas s'en inquiéter ; il y drageonne même d'une manière remarquable ; cependant il pousse mieux à quelques mètres de là, dans une terre argilo-sablo-calcaire.

Le Prunier se cultive en espalier, en pyramide et le plus communément en haute tige, surtout dans les provinces lyonnaises ; on le greffe sur rejetons, mais il vaut infiniment mieux le greffer sur les variétés vigoureuses de prunes obtenues de semence. On greffe en fente au printemps ; la greffe en écusson à l'œil dormant doit être préférée, attendu qu'elle est d'une réussite beaucoup plus certaine. Il faut faire choix pour les plantations de Pruniers d'un à deux ans de greffe, sains et vigoureux, et donner à la plantation les mêmes soins et les mêmes précautions qu'à tous les autres arbres fruitiers.

D. Sous quelle forme élève-t-on plus particulièrement le Prunier en espalier ?

R. On peut l'élever en palmette à branches obliques et en cordons obliques doubles comme le poirier, et en suivant les mêmes principes.

D. Cette méthode d'élever le Prunier en espalier ne semble pas avoir rendu de grands services, car on en remarque très peu de cultivés contre les murs.

R. C'est un grand tort qu'on peut reprocher aux amateurs, attendu que les prunes récoltées sur ces arbres en espalier sont plus belles, plus colorées et de bien meilleure qualité que celles venues en haute tige et en pyramide.

D. La pyramide de Prunier est-elle bien difficile à obtenir et à conduire ?

R. Il n'est pas plus difficile d'élever un Prunier en pyramide qu'un poirier ; seulement, comme les branches à fruit ne produisent pas deux années de suite, il faut les tailler de manière à en obtenir de nouvelles tous les ans. La première année, on taille la tige à quarante ou cinquante centimètres au dessus du sol, afin de faire développer cinq ou six rameaux à trente-cinq ou quarante centimètres. Ces rameaux, ainsi que celui qui doit prolonger la tige, sont traités comme ceux du poirier. L'année suivante, tous les rameaux sont taillés à la moitié ou au tiers de leur longueur. Au printemps, les bourgeons se développent les uns en bouquets, les autres en rameaux. Tous ceux de la partie supérieure de la branche taillée qui ont leur tendance à pousser beaucoup, sont pincés lorsqu'ils atteignent une longueur de sept à huit centimètres. Celui de prolongement, excepté les bourgeons de la tige qui doivent produire les rameaux du second étage, étant doubles ou triples, on devra supprimer les plus faibles des deux ou des trois et ne conserver que les mieux constitués. La troisième année, même taille que l'année précédente; mais on ne touche pas aux bouquets qui s'allongent insensiblement. Quant à ceux qui ont été pincés, et qui, malgré cette opération, ont encore acquis un assez grand accroissement, on les casse au tiers environ de leur longueur. Ce cassement fait naître et croître de nouveaux rameaux vers la base, et ce sont ces nouvelles productions qui, plus tard, donneront des fruits. Pendant cette troisième année, on continue les mêmes soins de pincement et d'éborgnage. La quatrième année, toujours même taille, mais un peu plus courte cependant, car l'arbre commence à produire. Les branches à fruit, bien ramifiées à leur base, sont écourtées près des ramifications supérieures : celles qui le sont moins sont écourtées un peu moins sévèrement, et enfin celles qui sont chargées de bourgeons à fruit et dont le rameau de prolongement est court ne sont que dépointées. En suivant cette méthode annuellement, l'arbre ne s'arrête pas de produire, sauf toutefois les circonstances imprévues.

D. Comment procédez-vous pour conduire un Prunier en palmette et en cordons doubles obliques?

R. Le Prunier se conduit en palmette de la même manière qu'on conduit le Poirier sous la même forme. Les branches à fruit qu'on prend dessus, dessous et devant sont traitées comme celles du Prunier en pyramide, et tout ce que nous avons dit des cordons doubles obliques du Poirier s'applique au Prunier, sauf la taille des rameaux à fruit, qui est toujours la même que celle de la pyramide.

D. Comme le Prunier est plutôt cultivé en haute tige dans nos départements que sous toutes autres formes, indiquez-nous comment on procède pour l'élever de cette manière.

R. Ce que nous avons dit de l'Abricotier à haute tige

s'applique également au Prunier. Ce sont en effet les mêmes procédés pour la formation de la charpente, les mêmes soins de toilette et d'entretien.

### LISTE DES MEILLEURES VARIÉTÉS DE PRUNES.

*Belle de Louvain*;
*Coë-Golden drop* ou *Goutte d'or*;
*Diaprée grosse violette*;
*Drap d'or d'Esperen*, fait une belle pyramide;
*Diadème violette* ou *Impératrice*;
*De Monfort*;
*De Monsieur*, à fruit jaune;
*Jefferson*;
*Mirabelle* ou *Drap d'or*;
*Pond's Seedling*. En espalier le fruit est de premier choix;
*Prince of Wales*;
*Reine Blanche de Galopin*;
*Reine-Claude ordinaire* ou *Reine-Claude verte*;
*Reine-Claude violette*, espalier;
*Reine-Claude de Bavay*, espalier;
*Reine-Claude d'Oullins*, espalier;
*Reine-Claude rouge de Van Mons*, espalier;
*Violette de Galopin*;
*Robe de Sergent* ou *Prune d'Agen*, pour pruneaux;
*Washington*, pour pruneaux;
*Sainte-Catherine jaune*, pour pruneaux;
*Koëtsche d'Allemagne*, pour pruneaux;
*Perdrigon violet*, pour pruneaux;

### DE LA VIGNE.

D. Bien que la Vigne soit plutôt du ressort de la grande que de la petite culture, dites-nous comment on la cultive dans les jardins, et quels sont les sols et les expositions qui lui sont le plus favorables.

R. Dans les jardins, la Vigne est cultivée en espalier et en pyramide à cordon en spirale. Elle aime les sols chauds, composés de gravier gros ou fin, de terre argileuse et de terre calcaire; mais, comme les terres de jardins ne sont pas en général de la nature de celles qu'elle préfère, il est important de choisir celles qui s'en rapprochent le plus et d'éviter celles qui sont froides, grasses et fortes.

D. Indiquez les moyens de garnir promptement et complètement un mur avec la Vigne.

R. Lorsqu'on veut planter de la Vigne en espalier ou en pyramide, on est dans l'usage de faire choix de marcottes, dites barbues, et de planter immédiatement en place dans une fosse souvent pleine d'engrais gras et onctueux. L'expérience a démontré que cette méthode est plus vicieuse que rationnelle; en effet, la marcotte enracinée ne réussit bien qu'autant qu'elle est replantée avant le moindre desséchement de ses racines, attendu que les racines desséchées sont et demeurent inertes; leur contact avec les engrais gras les fait pourrir, et la pourriture gagne insensiblement les parties saines, qui se désorganisent à leur tour. Il serait donc plus sage de planter des marcottes nouvellement déplantées et d'amender le sol avec des engrais secs et pulvérulents, tels que bon terreau, cornaille, chiffons de laine, etc.

Mais en plantant des boutures bien constituées, qu'on nomme vulgairement crossettes, comme cela se pratique dans la grande culture, on est presque aussi avancé, et on est assuré que le cep sera plus raciné. Supposons, par exemple, qu'il s'agisse d'établir un espalier contre un mur de deux mètres soixante centimètres d'élévation; pour le former on plante les boutures en lignes, à un mètre au moins du mur; mais comme le mur doit être garni promptement, on procède en conséquence : d'abord, les boutures sont coupées horizontalement sous un nœud et plantées inclinées du côté du mur, à soixante centimètres les unes des autres, dans une fosse de quarante centimètres de profondeur et de largeur, remplie de bonne terre amendée. On donne cette profondeur pour que la bouture puisse suffisamment s'enfoncer sans éprouver de résistance. Dans la crainte qu'elle ne reprenne pas, on en plante deux ou trois près l'une de l'autre, et on les taille sur les deux bourgeons les plus rapprochés du sol. Pendant l'été on surveille le développement des rameaux : si l'un d'eux a une tendance à devenir plus vigoureux que l'autre, on pince le plus faible et on donne un tuteur au plus fort ; afin de prévenir tout accident, on pince également tous les rameaux anticipés qui pouraient se développer et nuire à la croissance du sarment, qu'il importe d'obtenir aussi long et aussi vigoureux que possible.

L'année suivante, si les sarments ont atteint une longueur d'un mètre trente centimètres, on pratique une tranchée de trente-cinq centimètres de profondeur sur toute l'étendue comprise entre les boutures et le mur ; on garnit le fond de cette tranchée de terre amendée sur laquelle on couche tous les sarments, avec la précaution de redresser leur extrémité à vingt centimètres environ de la base du mur ; après avoir recouvert les sarments de bonne terre, on comble la tranchée et on taille sur deux bourgeons.

D. Mais si les boutures poussent inégalement, comment faut-il procéder ?

R. Dans ce cas, on ouvre des fosses partielles de même profondeur que la tranchée, mais dont la longueur est déterminée par celle du sarment. Ainsi, les unes pourront être d'un mètre comme d'autres pourront être plus courtes ; ces dernières sont des pierres d'attente que l'on continue l'année suivante lorsque le sarment à continué de s'allonger.

D. Que fait-on du surplus des boutures plantées près les unes des autres ?

R. Il peut arriver que deux ou trois boutures réunies poussent également et avec la même vigueur, tandis que celles qui sont plantées à gauche et à droite ne poussent que très faiblement ; alors, pour ne pas perdre de temps, on utilise les vigoureuses ; s'il s'en trouve deux, on ouvre une fosse qui va en s'élargissant jusqu'au pied du mur ; s'il s'en trouve trois, l'élargissement doit être encore plus considérable. On couche les sarments de manière à ce que leurs sommets redressés se trouvent écartés de soixante centimètres les uns des autres. Après le couchage complet, on retranche les boutures inutiles, ou on les utilise pour une autre plantation, telle qu'un contre-espalier, qu'on peut établir en face et à deux mètres de distance du mur ; alors on fait des couchées en sens inverse aux premières.

D. Lorsque tous les sarments ainsi couchés ont atteint le mur, comment procède-t-on pour former l'espalier?

R. Aussitôt qu'un sarment a atteint le mur, on le dispose à commencer la formation de l'espalier ; et, comme chaque cep a sa place marquée d'avance, on laisse au retardataire le temps de continuer son chemin, jusqu'à ce qu'il soit capable d'occuper celle qui lui est réservée. Le mur, avons-nous dit, est de deux mètres soixante centimètres d'élévation ; quatre cordons peuvent donc le garnir sans confusion, en les établissant à cinquante-cinq centimètres les uns des autres. Le premier est éloigné du sol de quarante centimètres, le second de quatre-vingt-quinze, le troisième d'un mètre cinquante centimètres, et le quatrième de deux mètres cinq centimètres. Le premier cep de gauche est fixé à l'angle du mur ; on l'élève verticalement jusqu'à ce qu'il ait atteint à peu près le sommet du mur. Arrivé là, on le taille sur un bourgeon de droite placé à deux mètres cinq centimètres d'élévation ; le second cep, qui est éloigné de soixante centimètres du premier, est taillé sur le bourgeon de droite à cinquante ou soixante centimètres au dessus du sol ; on courbe son extrémité de droite de manière qu'à la base de la courbe et à quarante centimètres au dessus du sol se trouve un bourgeon à gauche. Lorsque les deux bourgeons se développent chacun dans sa direction horizontale, c'est-à-dire l'un à gauche et l'autre à droite, ils forment avec leur tige un T ou plutôt un Y, dont les branches sont fortement inclinées ; si, lorsque le troisième cep a atteint une hauteur d'un mètre cinq centimètres à un mètre quinze centimètres, on le taille de la même manière et qu'on le conduise de même, ses cordons se trouvent distants des premiers de cinquante-cinq centimètres. Le quatrième cep est taillé à un mètre soixante ou soixante-dix centimètres ; on le courbe à un mètre cinquante centimètres, toujours en se réservant un bourgeon opposé à l'inclinaison, pour former les deux cordons. On taille le cinquième à deux mètres quinze ou vingt-cinq centimètres ; on courbe à deux mètres cinq centimètres en suivant le même système. De cette manière, les cordons des deuxième, troisième, quatrième et cinquième ceps sont tous élevés au dessus les uns des autres de cinquante-cinq centimètres, et tous vont se rencontrer à distance égale avec ceux des ceps suivants, qu'on élève et qu'on traite de la même manière ; le premier cep n'a qu'un cordon à droite, attendu qu'il est planté à l'angle du mur, où il n'est pas possible d'en établir un à gauche. Ce cordon va rencontrer celui de gauche du cinquième cep, juste sur la ligne perpendiculaire qui tombe sur le deuxième cep ; on élève le sixième comme on a élevé le deuxième ; le septième est conduit comme on a conduit le troisième, le huitième comme l'a été le quatrième, et le neuvième comme le cinquième ; on continue ainsi jusqu'à l'angle de droite du mur.

D. Après le commencement de la formation des cordons, comment procède-t-on pour obtenir leur continuation et une récolte en même temps ?

R. Au printemps qui suit l'opération que nous venons d'indiquer, il se développe ordinairement plusieurs rameaux, tant sur la partie verticale que sur celle qui est inclinée. Mais, comme il importe d'en avoir au moins trois bien constitués et bien vigoureux, on pince les autres. Celui qui naîtra du bourgeon placé à la base de la courbe est réservé, comme nous l'avons dit, pour former le cordon de gauche, si on a incliné le sarment à droite. Celui sur lequel on a taillé est réservé pour continuer le cordon de droite. Si la partie inclinée est de vingt centimètres ou un peu moins, à cause de la courbe, il est rare qu'il ne se trouve pas sur elle un bourgeon ; c'est le rameau qu'il développera qui formera le premier courson. Pendant l'été, on donne tous les soins nécessaires à la conservation de ces trois productions. L'année suivante, on taille le courson sur le bourgeon bien constitué et le plus rapproché de la base ; les sarments de droite et de gauche sont taillés sur trois ou quatre bourgeons et sur un de dessous s'il est possible. Cependant, si un de dessus était plus convenablement placé, il faut lui donner la préférence, car le point important c'est d'obtenir les coursons sur les cordons et à douze ou quinze centimètres les uns des autres. L'horticulteur taillera donc de manière à ne pas s'écarter de cette règle ; à la poussée, il prendra un nouveau courson sur chaque cordon et donnera les mêmes soins que l'année précédente ; de plus, le rameau du premier courson taillé, et qui est censé porter du fruit, sera pincé sur la troisième feuille placée au dessus du raisin, afin que le sarment ne dépasse pas l'espace de cinquante-cinq centimètres qui lui est assigné. Le pincement favorise le développement du fruit, l'empêche d'être malade et fait pousser à la base du courson un rameau qui peut être utilisé, en cas de besoin, comme courson de remplacement. En suivant cette méthode d'année en année, le mur est bientôt garni de cordons et ceux-ci bientôt garnis de coursons.

D. Pendant qu'on dirige verticalement les ceps, ne peut-on pas obtenir un commencement de récolte ?

R. Il est certain qu'on peut retirer un commencement de récolte à mesure qu'on élève le cep à la hauteur qu'il doit atteindre, et si nous avons gardé le silence à cet égard, c'est que nous tenions d'abord à ce que nos indications fussent bien comprises, et qu'en second lieu nous ne sommes pas trop partisan de ces quelques raisins, attendu que tôt ou tard il faut retrancher les coursons qui les ont portés et que les plaies qui nécessitent ces retranchements ne se recouvrent jamais.

D. Comment se multiplie et se renouvelle la vigne ?

R. La vigne se multiplie et se renouvelle comme les autres végétaux. Pour rajeunir un cep ou changer sa variété, on fait usage de la greffe-bouture, de celle en fente et de l'anglaise; pour pouvoir les exécuter facilement, on ouvre, au mois de mars, au pied du cep, une fosse suffisamment large et profonde qui permette de le couper horizontalement avec l'égohine, à dix centimètres au dessus du niveau du sol. Comme nous avons indiqué la manière de faire la greffe en fente et la greffe anglaise, nous ne parlerons que de la *greffe-bouture*. Elle consiste à couper sous un nœud une crossette, à la tailler en lame de couteau, entre deux nœuds, aux trois quarts environ de sa longueur, à introduire la lame dans la fente pratiquée sur la coupe du cep et à faire plonger la base du sarment dans le sol ; de cette manière le sarment peut ou se coller ou émettre des racines. Une fois toutes ces sortes de greffes exécutées, on ligature, on mastique et on recomble la fosse, de manière à ce que deux bourgeons seulement se trouvent hors de terre. Si on veut obtenir deux variétés de raisins sur le même cep, on pratique la greffe en navette vers le commencement de septembre. Elle consiste à tailler la partie qui porte un bourgeon en forme de navette, à fendre un sarment d'un ou de deux ans au milieu d'un autre nœud rapproché de la basse, à introduire le bourgeon de manière que son écorce coïncide avec celle du sujet, à ligaturer et à mastiquer. Au printemps suivant, ce bourgeon développe un rameau.

LISTE DES MEILLEURES VARIÉTÉS DE RAISINS DE TABLE.

*Chasselas de Fontainebleau;*
   — *rouge;*
   — *violet;*
   — *rose;*
   — *— hâtif;*
   — *blanc musqué;*
   — *Coulard* ou *Froc Laboulaie,* ou *Queen Victoria;*
   — *Napoléon;*
   — *royal;*
   — *Vibert hâtif;*
*Frankenthal hâtif;*
*Gromier du Cantal rose;*
*Muscat rouge,* gros grains;
   — *rose* — —
   — *précoce* ou *Joanin blanc,* graines ovoïdes;
*Puissard* ou *Mellier;*
*Saint Valentin blanc;*
*Raisin des dames;*
*Milhau noir,* graines ovoïdes;
*Dolceto-Nero,* espèce de chasselas noir;
*Ugne blanche,* précoce;
   — *noire;*
*Malaga rose;*
*Feidleinger rose;*
*Querby blanc;*
*Verdal;*

## DU FIGUIER.

D. Que pensez-vous du Figuier?

R. Le Figuier est peu cultivé dans nos provinces lyonnaises, attendu que les froids le désorganisent tous les ans et que sa culture y est peu connue. Un praticien très habile d'Ecully (Rhône) conseille de le cultiver comme on le cultivait il y a très longtemps dans la propriété Jars. Cette méthode consiste à planter le Figuier au midi dans un sol chaud, à deux ou trois mètres d'un mur, de le coucher et de le retenir sur le sol ou près du sol à l'approche de l'hiver, de le couvrir ensuite de feuilles sèches, de paille ou de toutes autres matières analogues, et de rapporter sur cette couverture une couche de terre qui le préserve des rigueurs de l'hiver. Les grands froids passés, on le redresse autant qu'il est possible de le faire, et on le débarrasse de toutes les branches mortes. M. Luizet assure que la propriétaire de ces arbres faisait chaque année une récolte très abondante de magnifiques figues. Quelques variétés craignent moins le froid que d'autres; elles se cultivent presque sans soins au pied d'un mur bien exposé au midi et même à l'air libre : témoin le magnifique pied qui existe à Millery dans la propriété de M. de Raousset.

Les meilleures variétés indiquées par E. Calvel dans son *Traité des Pépinières* sont :

*L'Aubicon* ou *figue Gourreau*;

*Violette de deux fois l'an*;

*De Bordeaux*;

*Grosse blanche longue*;

*La Marseillaise*;

*La Marseille*;

*La grosse jaune*;

*La grosse violette*;

*L'Angélique*;

*La Rougeotte*, arbre robuste et peu délicat.

## DU FRAMBOISIER.

**D.** Le Framboisier est-il d'une multiplication et d'une culture faciles?

**R.** Le Framboisier se reproduit très facilement par drageons; il se plaît au levant et au couchant, à l'air libre et vif, et dans les sols légers, frais, riches en fumier et en engrais terreautés. On le plante en ligne dans des tranchées de cinquante centimètres de largeur sur quarante centimètres de profondeur, et éloignées les unes des autres d'un mètre soixante-dix centimètres. On met par trou deux drageons bien enracinés et munis de nouvelles pousses naissantes; les trous sont espacés de quatre-vingts centimètres à un mètre. Après la plantation, on taille les drageons à douze ou quinze centimètres au dessus de la terre, afin d'obtenir de nouveaux drageons. Dans le courant de l'année, on donne de légers binages; on rapporte des terreaux, et on recharge légèrement la tranchée avec la terre des fosses qui a été placée en ados à gauche et à droite de la tranchée. Vers la fin de mars, époque à laquelle les fortes gelées ne sont plus à craindre, on débarrasse les touffes de tout le bois mort, et on taille les tiges, selon leur vigueur, entre soixante-dix centimètres et un mètre trente centimètres au dessus de la terre; pendant l'année, on continue les mêmes soins de l'année précédente, sans toutefois combler la fosse, qui ne doit l'être définitivement, et toujours avec les mêmes soins, que la cinquième ou sixième année. Lorsqu'elle est entièrement pleine, on la recharge encore avec la terre qu'on extrait d'une nouvelle fosse creusée entre deux tranchées; cette fosse est destinée à replanter dès que les Framboisiers commencent à perdre de leur grande fertilité.

**D.** Pourquoi taille-t-on le Framboisier?

**R.** On taille le Framboisier 1° afin d'obtenir une récolte plus abondante et de plus beaux fruits, 2° pour que le pied drageonne davantage.

D. Mais cette grande quantité de drageons n'est-elle pas nuisible à la santé du végétal, et n'altère-t-elle pas les qualités du fruit?

R. Si on conservait tous ces drageons, le végétal pousserait peu, et les fruits seraient petits et peu abondants; mais on a la précaution de déchausser le plant tous les deux ans et d'enlever une bonne partie des drageons, qu'on replante en pépinière d'attente, ou qu'on livre au commerce.

### LISTE DES MEILLEURES VARIÉTÉS DE FRAMBOISIERS.

*Barnet*, rouge foncé;
*De Hollande*, rouge long;
    —      — rond;
    —     jaune;
*Double Bournig*;
*Du Chili*, rouge;
    — jaune;
*Fastolff*;
*Merveille des quatre saisons*;
*perpétuelle des Alpes*, rouge;
    —      — jaune;
    — *large fruit de Mouthly*;
*Queen Victoria*.

### DU GROSEILLIER.

D. Comment divise-t-on le genre Groseillier, et comment cultive-t-on les espèces?

R. On en compte trois espèces : le Groseillier à grappes rouges et blanches, celui à grappes noires ou cassis et l'épineux. On trouve le Groseillier à peu près partout, dans tous les sols et à toutes les expositions, c'est-à-dire qu'il n'est ni difficile ni délicat. Cependant, comme tous les végétaux en général, il prospère davantage dans

une terre remuée que sous une haie et qu'au bord d'un
ruisseau. Plantées dans un sol substantiel, frais et engraissé, les trois espèces et leurs variétés végètent parfaitement et produisent des fruits gros, sucrés et abondants. Les Groseilliers se multiplient par graines, par boutures et par marcottes ; on les plante en buisson, à un mètre
de distance les uns des autres, les jeunes sujets sont taillés
à moitié de leur longueur, et pendant l'été on pratique
quelques légers binages. La cinquième ou la sixième année
après la plantation, on taille les vieilles tiges au mois de
février assez près du sol, afin de favoriser le développement des jeunes rameaux et pour en faire produire de
nouveaux. Les autres soins à donner aux Groseilliers consistent à les tenir propres, à enlever tous les bois morts,
à dépointer les jeunes pousses qui s'emportent et à supprimer celles qui font confusion. Nous ne recommandons
que la forme buisson, bien que le Groseillier puisse s'élever
en tête, en espalier et même en pyramide ; mais le végétal
qui est soumis à ces diverses formes exige plus de soins,
plus de temps et ne rapporte pas davantage ; toutefois,
les fruits sont plus gros et plus sucrés, surtout en espalier : témoins ceux du *Groseillier-Cerise.*

### LISTE DES MEILLEURES VARIÉTÉS DE GROSEILLIERS.

*A grappes,* ordinaire rouge ;
—        —      blanc ;
—        —      rosé ;
—      à gros fruit blanc ;
—      *Cerise* ( récolter tard ) ;
—      *Gondouin rouge* ;
—        —      *blanc* ;
—      de *Hollande rouge* ( récolter tard ) ;
—        —      *blanc* ;      —
*Cassis à fruit noir* ;
—      —      *jaune* ;

*Cassis royal de Naples ;*
*Groseillier épineux ,* à gros fruits, lisses, rouges , ronds ;
—     —     —     —    — ovales ;
—     —     —   hérissés, rouges, ronds :
—     —     —     —    — ovales :

### DU MÛRIER.

D. Pourriez-vous nous indiquer comment se cultive le Mûrier ?

R. Nous nous sommes à peine occupé de cet arbre, aussi nous n'en connaissons pas la culture. MM. Morel et Gaillard , tous deux praticiens très compétents , qui ont été envoyés l'année dernière dans le Midi par la Société impériale d'Agriculture de Lyon pour examiner la culture du Mûrier, nous ont recommandé la méthode de MM. de La Baume et Boyer. Nous la donnons telle que nous l'avons reçue.

*Principes de taille du Mûrier d'après MM. de La Beaume et Boyer.*

*Formation des arbres.*

*Plantation. — Première année.* — La première année de la plantation du Mûrier , il faut avoir le soin de ne laisser se développer que trois branches qui , par leur position , devront former un triangle régulier ; on aura la précaution de les monder et de les pincer au besoin pour maintenir entre elles une équilibre régulier.

*Première taille.* — La première taille s'exécute au mois de mars ; elle consiste à raccourcir les trois rameaux à la moitié de leur longueur, s'ils sont forts et vigoureux , ou à un tiers à partir de leur insertion sur le tronc, s'ils sont faibles ; lorsqu'on supprime la moitié ou les deux tiers, il est important d'asseoir la coupe sur un bourgeon qui , par son développement, soit propre à former un angle de quarante-cinq degrés avec la perpendiculaire. C'est au moyen de cet angle qu'il est facile de maintenir l'équilibre de la sève des Mûriers soumis à une taille.

Au mois de mai suivant, on supprime sévèrement, jusqu'au tiers de la hauteur des rameaux, tous les bourgeons qui ont un développement de plus de six centimètres de longueur.

*Deuxième taille.* — La seconde taille se pratique à la même époque que la première. Pour obtenir des résultats favorables, on commence par bien étudier la charpente de l'arbre, qui, au préalable, doit être entièrement mondée de toutes les petites brindilles qui se sont développées dans son intérieur; après cette opération, on choisit les branches les mieux placées pour arrondir l'arbre; on taille les fortes plus courtes que les faibles, et toujours à la moitié ou aux deux tiers de leur longueur, suivant leur position. Pendant l'année, on doit veiller à supprimer les bourgeons qui se développent dans l'intérieur de la charpente.

*Troisième taille.* — Le but de la troisième taille est de continuer la charpente préparée par les soins des deux premières années; mais il faut avoir la précaution de tailler un peu moins long afin que l'arbre puisse bien se fortifier. Les branches charpentières doivent être éloignées les unes des autres de soixante centimètres au moins, pour que l'air et les rayons solaires puissent pénétrer facilement à l'intérieur, mûrir le bois et bonifier la feuille.

*Quatrième taille.* — A la quatrième taille, l'arbre acquiert à peu près la forme qu'il doit avoir à son complet développement; on n'a qu'à allonger les branches en proportion de la force de la végétation, à maintenir la forme demi-sphérique que doit affecter l'arbre, à tenir l'intérieur vide, afin que les agents atmosphériques puissent facilement accomplir leur fonction et faciliter la feuille à acquérir toute sa perfection.

D. A chaque espèce d'arbres que vous venez de passer

en revue vous avez assigné des conditions particulières
de sol et d'exposition ; ces conditions sont-elles indispensables? sont-elles absolues? En un mot, doit-on dire :
*Sans elles, rien?*

R. Lorsque nous disons, par exemple, qu'il faut à tel
arbre un sol substantiel et une exposition chaude, nous ne
prétendons pas être exclusif, puisqu'il est prouvé que ce
même arbre se rencontre pour ainsi dire spontané dans
un sol et à une exposition opposés; mais, comme l'expérience et la pratique prouvent aussi que cet arbre prospère
mieux dans la première condition que dans la seconde, il
était important de l'indiquer.

D. Mais l'amateur qui ne possède pas le sol indiqué et
qui prendra vos indications à la lettre n'osera pas planter,
dans la crainte d'insuccès.

R. L'amateur qui veut planter ne doit point éprouver
de craintes, car nous le rassurerons en lui disant qu'il est
bien simple et bien facile de composer une terre telle que
l'arbre la préfère, en suivant la loi des amendements. Le
terrain de l'École d'horticulture du département du Rhône
renferme à peu près tous les sols de ce département; le
soleil y donne depuis le matin jusqu'au soir, et cependant
tous les arbres fruitiers y végètent, y poussent et fructi-
fient, et cela parce que nous avons eu le soin, toutes les
fois que le besoin s'est fait sentir, d'échanger la terre d'un
point contre celle d'un autre point, ou de deux sortes de
n'en faire qu'une.

### DE LA RÉCOLTE DES FRUITS ET DE LEUR CONSERVATION.

D. Dites un mot sur la récolte des fruits et sur la manière de les conserver.

R. Grâce aux efforts persévérants de quelques semeurs
zélés et intelligents, la pomologie fournit aujourd'hui les
fruits les plus beaux et les plus exquis, rien de plus remarquable, de plus succulent et de plus délicieux que nos
belles pêches, que nos magnifiques poires, et cependant

rien de plus rare que de les savourer dans toute leur perfection. Souvent, en effet, le meilleur fruit, offert dans
un dessert, est trouvé médiocre, comme souvent le bon
fruit est trouvé détestable; mais à qui la faute? Aux propriétaires, qui ne savent ni récolter ni conserver leurs
fruits, qui les laissent mûrir sur les arbres ou les récoltent trop longtemps avant l'époque voulue; qui plantent
au midi ce qui doit être planté au nord, et au couchant
ce qui doit l'être au levant; qui, en un mot, se conten-
tent de garnir un espace d'arbres fruitiers, sans s'inquiéter si rien ne manque à leur santé et à leur entretien.

Les fruits se divisent en trois groupes : ceux d'été, ceux
d'automne et ceux d'hiver. Les fruits d'été, c'est-à-dire
qui mûrissent avant le 15 septembre, doivent, suivant leur
nature, être cueillis d'un à six jours avant leur maturité
sur l'arbre ou sur la plante, et cette maturité ne doit s'acquérir qu'au fruitier; ainsi, par exemple, la poire *Madeleine* ou *Citron des Carmes*, faussement nommé poire
*Saint-Jean*, doit se cueillir dès qu'elle passe au vert jaunâtre et non pas lorsqu'elle est passée au jaune herbacé;
on la porte au fruitier, où elle finit d'acquérir toutes ses
perfections. Trois ou quatre jours après la récolte, elle
répand une odeur douce et agréable, sa chair est tendre,
son eau suffisante, sucrée, acidulée et parfumée; mais
pris sur l'arbre dans son état complet de maturité, ce fruit
n'a plus ni odeur ni parfum, sa chair est farineuse, son
eau manque, ou, s'il en reste quelques traces, elle est
froide, sans sucre et insipide. Il en est de même de tous
les fruits de cette époque; aucun n'est bon s'il n'est entre-
cueilli, quelle que soit son espèce ou sa nature : telles
sont les cerises, fraises, framboises, pêches, poires, etc.
Toutefois, il faut excepter la groseille à grappes, dont
nous dirons deux mots plus bas.

Les fruits qui mûrissent du 15 septembre au 15 octobre
se cueillent de six à dix jours avant leur maturité, lorsqu'on s'aperçoit qu'ils commencent à changer légèrement
de couleur, mais jamais plus tard; différemment, d'exquis

ils deviennent médiocres , et de bons ils deviennent mauvais. Ceux qui mûrissent du 15 octobre aux premiers jours de novembre s'entrecueillent de dix à douze jours.

Les fruits tardifs se récoltent au moment où la sève commence à entrer en repos ; on cueille ceux qui mûrissent les premiers , et on finit par les fruits d'hiver. C'est en général au commencement de novembre qu'on termine la récolte des fruits, parce que c'est à cette époque qu'ils ont atteint tout leur développement et que les arbres perdent leurs premières feuilles. Toutefois , il est bon de consulter : 1° l'état de la température , car il peut arriver que, si la saison a été favorable , les fruits ont acquis plus tôt leur volume , comme il peut arriver également qu'ils en sont encore éloignés si elle a été mauvaise ; 2° l'exposition à laquelle un arbre est planté : ainsi , par exemple , il faudra récolter plus tôt les fruits d'un poirier *Bon-Chrétien-Napoléon* planté au midi , dans un endroit abrité, que les fruits d'un arbre semblable planté au nord , à une exposition découverte et sans abri.

Il faut aussi avoir la précaution de commencer la cueillette par les fruits qui sont à la base de l'arbre et les plus exposés aux rayons solaires ; quelques jours après, on récolte ceux de la partie supérieure et ceux qui sont les moins exposés au soleil. Cette précaution est très importante ; nous n'en indiquons pas les motifs , attendu qu'ils seraient le sujet d'un article fort long. Il suffit de dire qu'elle est dans l'intérêt du fruit et dans celui de l'arbre.

Tous les fruits en général se détachent de l'arbre un à un et avec beaucoup de soin ; on doit tâcher de ne leur faire éprouver aucune pression , car la moindre foulure détermine la pourriture. Les poires se prennent par le pédicelle lorsque la longueur de celui-ci le permet ; les fruits à pédicelle court se prennent par leur partie renflée ; on tord de gauche à droite, et le fruit se détache ; on le place dans un panier large , long et peu profond, garni de mousse sèche ou de feuilles. Ainsi récoltés , les fruits se portent au fruitier ; là, on les range sur les tablettes les uns à côté des autres, variété par variété ou espèce par espèce. On ne doit jamais les entasser ni les presser, car différemment il se déterminerait bientôt une grande fermentation qui amènerait la putréfaction.

C'est de onze heures du matin à quatre heures du soir qu'il faut faire la récolte, par un temps sec et un ciel pur, parce que les fruits, étant chargés d'une moins grande quantité d'humidité, deviennent plus savoureux et sont d'une plus grande conservation ; ils doivent tous être à peu près traités de même. La pêche, la prune, l'abricot, la cerise sont infiniment meilleurs dégustés vingt-quatre heures après la récolte que lorsqu'on va les prendre sur l'arbre pour les apporter sur la table. Si on conserve jusqu'au lendemain la fraise et la framboise, elles acquièrent un arôme qui répond à l'odeur suave qui parfume les lieux où elles sont déposées, tandis que, mangées un quart d'heure après les avoir cueillies, il faut force sucre pour les rendre passables.

La groseille à grappes se conserve d'une manière toute spéciale ; voici comment on procède à son égard.

On garde les groseilles sur leurs tiges jusqu'aux gelées en les empaillant ; il est bon, avant cette opération, de butter le pied en rapprochant la terre pour y maintenir plus de fraîcheur. L'arbuste doit être alors planté sous de grands arbres qui l'abritent des ardeurs du soleil et qui le garantissent des oiseaux. On peut encore les conserver fort longtemps par le procédé suivant : un peu avant leur parfaite maturité, enfermez-les dans des sacs de papier, enveloppez les tiges de paille en forme de ruche ; au mois de septembre, enlevez la paille, coupez les branches chargées de fruits et toujours couvertes de papier, portez-les en cet état dans le fruitier ; fixez chacune d'elles dans des pots remplis de terre un peu fraîche, afin de les tenir debout et dans la même position ; vers la Noël et même plus tard encore, enlevez les sacs de papier, et vous trouverez vos groseilles aussi fraîches que le jour où vous les aurez recouvertes de papier. Les variétés qui se prêtent le mieux à la conservation sont la *Gondouin*, la *Hollandaise* et la *Cerise*.

## DU FRUITIER.

Les fruitiers d'hiver exigent plus de soin dans leur confection que les fruitiers d'été. Tous les propriétaires et tous les amateurs ne peuvent pas ou n'ont pas les moyens de les faire construire. En effet, un fruitier construit dans les formes et dans les conditions voulues coûte de 3,000 à 3,500 fr. Cependant on peut, sans dépenser autant d'argent, confectionner un très bon fruitier d'hiver. On choisit à cet effet une chambre à un rez-de-chaussée ou à un premier étage, n'ayant, autant que possible, qu'une seule croisée au midi ou au levant et qu'une porte ; il est important que cette pièce soit assez spacieuse pour y loger les fruits à conserver, qu'elle soit exempte d'humidité, qu'elle soit d'une température ni trop haute ni trop basse (douze ou quatorze degrés Réaumur). La fenêtre devra être toujours parfaitement close et les volets exactement fermés ; on aura soin de boucher soigneusement les trous et les fissures qui pourraient donner accès aux souris et à l'air.

Le fruitier est un local destiné à conserver les fruits ; il y en a de plusieurs sortes : les fruitiers d'été et les fruitiers d'hiver. Les fruitiers d'été sont différents suivant la nature des fruits : ainsi, par exemple, les poires ne se placent pas à côté des fraises ; pour les premières, il faut une chambre sèche et obscure, où l'air ne pénètre pas ; pour les secondes, il faut un cellier frais, mais jamais une cave ni pour les unes ni pour les autres, attendu que les caves sont presque toujours humides et que l'humidité est contraire à la bonne conservation des fruits.

Si la pièce est carrée et assez spacieuse, on peut y établir des rayonnages tout à l'entour et de plus élever un fruitier pyramidal dans le milieu ( voir la figure 5 ). De simples planches de deux centimètres d'épaisseur suffisent pour les rayons, qui doivent avoir une profondeur de quarante centimètres et être élevés les uns au dessus des autres de trente. Inutile que les planches soient ni polies ni vernissées; il suffit que le bois soit sain, sec et solide. Si les rayons sont inclinés, il sera à propos de les revêtir d'un rebord, afin de retenir les fruits; mais cette précaution devient inutile s'ils sont placés d'équerre ( terme de pratique ).

On construit le fruitier pyramidal au moyen d'une pièce de bois carrée, d'une épaisseur de quinze centimètres environ, et dont les extrémités sont terminées en forme de toupie, et, comme celle-ci, garnies d'un pivot de fer ou d'acier. Sur les quatre faces de cette pièce, on établira solidement de bonnes consoles superposées à une distance de trente centimètres les unes des autres; leurs bras auront environ de quarante à cinquante centimètres de longueur. C'est sur ces consoles qu'on placera des rayons circulaires revêtus de rebords en ferblanc ou en zinc. Cette pyramide achevée ressemblera à un axe traversant plusieurs roues. Le pivot d'en bas portera sur une cuvette en cuivre fixée au sol; celui de la partie supérieure sera retenu par une cuvette semblable fixée au plafond, de manière que la pyramide tournera sur elle-même au moindre mouvement qu'on lui imprimera. Cette facilité de tourner permet à l'opérateur de ranger ses fruits et de les visiter sans être obligé de toujours monter ou descendre de son échelle, laquelle est retenue par deux crochets à une tringle de fer fixée au plafond ou d'une autre manière qu'on jugera plus convenable. Si l'appartement se trouvait être plus long que large, on aurait la facilité d'établir deux pyramides au lieu d'une.

## SOINS PARTICULIERS.

Quelques jours avant la récolte des fruits, il faut assainir le fruitier par tous les moyens possibles, en chasser les mauvaises odeurs qui pourraient y régner , en un mot épousseter partout et nettoyer proprement ; cela fait, on garnit les rayons de mousse ou de sciure de sapin parfaitement sèche.

Les fruits sont rangés avec attention ; ceux qui doivent mûrir les premiers sont mis le plus en vue ; tous sont placés sur le côté opposé à celui qui a reçu l'action du soleil , qui est toujours le moins colorié et le moins mûr, afin de pouvoir les surveiller plus facilement. Lorsque tous les fruits sont en place , on les recouvre d'un papier léger pour les préserver du contact de l'air et de la poussière. Pendant les premiers jours , si le ciel est beau et sec , on peut donner de l'air dans le milieu du jour pendant une heure ou deux seulement, mais avec la précaution de chasser l'humidité et non de la laisser pénétrer. Trois ou quatre jours sont suffisants , après lesquels le fruitier doit rester exactement clos et sombre.

Comme les fruits dégagent toujours de l'humidité , et que cette humidité devient très funeste à leur conservation , on l'enlève au moyen de pierres de chaux qu'on place sur de petites planchettes à chacun des angles du fruitier ; lorsque cette chaux est délitée , on la remplace par d'autre parfaitement sèche. On peut aussi se servir de bouteilles débouchées, dans chacune desquelles on place cinq cents grammes d'acide sulfurique , qui a la propriété d'attirer l'humidité ; lorsque l'acide a soutiré toute l'humidité dont il a pu se saturer , il faut le remplacer par d'autre.

On ne doit jamais entrer dans le fruitier sans une lumière , et si l'on aperçoit qu'elle vacille ou qu'elle menace de s'éteindre , il faut sortir du fruitier et le laisser ouvert un instant avant d'y rentrer.

On reconnaît qu'une poire est arrivée à son point de maturité lorsqu'en appuyant légèrement le pouce à la base du pédicelle, on sent la peau fléchir sans faire élastique.

# CINQUIÈME PARTIE.

## Des causes des maladies des végétaux (arbres fruitiers) et moyens de les guérir.

D. Quelles sont les causes des maladies des végétaux, et quels moyens faut-il employer pour les guérir?

R. C'est en dehors d'un végétal et non dans son organisation qu'il faut chercher les causes des maladies auxquelles il est en butte; à l'exception de la vieillesse, les causes sont toutes extérieures. Nous ne pouvons indiquer de remèdes que pour les maladies dont les causes sont connues, car quelques unes, sinon plusieurs, sont et seront peut-être encore longtemps un mystère.

*Écorce gercée.* — Cette maladie provient d'un froid excessivement rigoureux, d'une nourriture trop abondante ou d'un état de vieillesse. Il faut, quand elle se manifeste sur de vieux arbres, enlever, après une pluie, avec le racle ou le dos d'une serpe jusqu'au vif la vieille écorce qui se détache, enduire l'arbre avec un lait de chaux et boucher toutes les plaies avec du mastic. Si la maladie se déclare sur des sujets trop vigoureux, on la guérit en pratiquant dans l'écorce du tronc, à partir des branches jusqu'au collet, une ou deux incisions longitudinales, au moyen d'une serpette ou d'un greffoir, avec la précaution de ne pas attaquer l'aubier, ce qui pourrait nuire à l'arbre. Ce moyen est aussi usité pour faire grossir la tige d'un arbre et pour redresser les courbures.

*Épuisement des forces vitales.* — Les causes de cette maladie sont la vieillesse, une fertilité excessive, les drageons nombreux qui naissent des racines, le manque de nourriture, la maigreur du sol, une longue sécheresse, la pourriture des racines et leur mutilation par les rats et les souris. On reconnaît cette maladie aux mousses qui recouvrent l'écorce, aux places brûlées qu'on remarque sur la tige et sur les branches, aux extrémités des jeunes branches qui noircissent et se dessèchent, aux feuilles qui se fanent et tombent de bonne heure, aux fruits petits, difformes, et qui ne mûrissent pas. L'arbre attaqué cesse de croître peu à peu, se dessèche et meurt; s'il est encore jeune, on le transplante dans un bon sol, on le taille très court et on lui donne tous les soins dont il a besoin; si les racines sont endommagées, il faut les nettoyer, les laver et envelopper leurs extrémités de vieux chiffons de laine. Les parties brûlées sont enlevées et les plaies recouvertes de mastic; si l'arbre est vieux, on creuse une fosse assez large et assez profonde autour du tronc, et on rapporte au fond des substances nutritives mélangées à de bonne terre de jardin, telles que, par exemple, la colombine sèche, le vrai guano, la cornaille fine et grosse, etc.

Le *brûle*. — Les premiers symptômes de cette maladie se manifestent dans l'écorce, qui prend une teinte rougeâtre, brune ou noirâtre, suivant l'espèce d'arbre attaquée, qui se ride et se gerce par petites places. Cette maladie est une des plus dangereuses auxquelles sont exposés les arbres fruitiers; pour peu qu'on la néglige, l'arbre est perdu. Elle se manifeste sur tous les arbres à fruit; quelques uns y sont plus sujets que d'autres, surtout ceux qui sont pourvus d'une surabondance de sève; toutefois, cette surabondance n'est pas la seule cause de cette maladie, car on en trouve d'autres dans les blessures qu'on fait aux racines lors de la déplantation, dans celles qu'on fait pour la pose de certaines greffes et qu'on néglige de mastiquer, dans celles qui sont faites aux écorces par les animaux et aux branches à l'époque de la cueillette des fruits des arbres en haute tige; enfin les gelées très hâtives et très tardives, un sol gras et humide engendrent aussi le *brûle*. Si l'arbre est pourvu de trop de sève, on fera les incisions longitudinales; si elle provient de racines brisées, on déplante l'arbre, on coupe les parties endommagées et on fait usage de laine. Toutes les plaies faites aux écorces par les animaux sont soigneusement cicatrisées jusqu'au vif et mastiquées avec de l'onguent de Saint-Fiacre si elles sont considérables, ou avec du mastic si elles sont petites. Les branches cassées lors de la cueillette des fruits sont raccourcies et les plaies mastiquées. Enfin, si le sol est gras et humide, il faut drainer à un mètre trente centimètres de profondeur près des trous où les arbres sont plantés. Les branches attaquées par la gelée sont retranchées près du tronc si le mal est considérable ; si le mal se déclare sur le tronc, on retranche jusqu'au vif, et on applique l'onguent de Saint-Fiacre ; on le renouvelle s'il vient à tomber avant la cicatrisation complète de la plaie.

Le *chancre*. — Cette maladie est aussi dangereuse et aussi redoutable que le *brûle* ; il est probable qu'il provient des mêmes causes. Il apparaît sur le tronc et sur les branches ; l'écorce paraît gonflée et couverte d'excroissances informes qui grossissent de plus en plus et finissent par s'ouvrir pour donner passage à une matière visqueuse qui s'étend petit à petit et finit par envahir toute la branche. On traite le *chancre* comme on traite le *brûle*, et après avoir retranché les parties malades, débarrassé les plaies de toutes les ordures et de toutes les parties mortes de l'écorce, on applique une couche de mastic ou simplement de résine brune.

La *gomme* est pour les arbres à noyaux ce que le *brûle* et le *chancre* sont pour les autres arbres ; elle provient d'une surabondance de sève, d'engrais frais et gras, d'une transition subite du chaud au froid, d'un sol ingrat ou impropre à recevoir l'espèce de l'arbre, de piqûres d'insectes, d'un pincement ou d'un ébourgeonnage faits en temps inopportun, et enfin d'un coup ou d'une blessure. On reconnaît sa présence par la couleur de l'écorce, qui est plus foncée que celles des parties saines. Cette écorce se tuméfie, se gerce, et la gomme s'échappe sous forme de petits globules de couleur brune. Dès qu'on s'aperçoit de sa présence, il faut y porter remède, dans la crainte que la branche attaquée ne périsse. On parvient à guérir l'arbre en humectant fortement la partie malade au moyen de deux ou trois forts bassinages répétés de demi-heure en demi heure ; ces bassinages ramollissent la gomme ; alors on enlève l'écorce attaquée, on lave la plaie avec une éponge, et on applique du mastic ou de l'onguent de Saint-Fiacre, auquel on ajoute de la cendre de bois ; mais il convient mieux de saupoudrer la plaie avec la cendre et de mastiquer ensuite. A défaut de cendre, on se sert de chaux pulvérisée, et lorsqu'on n'a sous la main ni onguent ni mastic, on frotte fortement la plaie avec des feuilles d'oseille, et on la met à l'abri de l'air et de l'humidité.

La *jaunisse* est une maladie qui attaque principalement le poirier ; elle provient d'un sol épuisé ou qui n'a pas assez de profondeur, de racines endommagées par le ver blanc ou par les souris ; mais souvent elle est engendrée par les grandes sécheresses. On la combat en changeant la terre ou en l'améliorant au moyen d'engrais liquides, tels que du sang de boucherie, des eaux grasses fermentées ou du purin de vache ; un quart d'heure après avoir répandu ce dernier liquide, on arrose avec de l'eau ordinaire. Si la maladie provient de racines endommagées, on fouille le sol partiellement, et on retranche les parties attaquées ; on paralyse les effets de la sécheresse par de copieux arrosages. Le sulfate de fer (couperose verte), qu'on a beaucoup préconisé pour combattre la *jaunisse*, ne donne que de très faibles résultats ; le meilleur de tous les remèdes contre la *jaunisse*, lorsqu'elle n'est pas causée par des insectes ou des animaux, est un bon paillis.

*L'hydropisie* se manifeste après des pluies longues et

abondantes sur les arbres plantés dans un sol froid , humide et trop ombragé. L'écorce de l'arbre attaqué prend une apparence spongieuse , la peau supérieure se pèle , les liquides s'évaporent , les tubes se dessèchent., l'arbre languit et finit par périr. Pour le sauver, on répand autour de lui de la poussière de charbon , de la cendre , de la suie de cheminée ou d'autres substances énergiques et stimulantes , et on retranche les parties attaquées ; souvent le raccourcissement des pousses de l'année et des incisions longitudinales suffisent pour arrêter le mal s'il n'a fait que peu de progrès.

Le *miellat* est une matière visqueuse et gluante qui altère les parties herbacées des jeunes rameaux et arrête la circulation de la sève. Cette maladie, qui est souvent mortelle , se déclare au printemps , lorsque la sève est en pleine activité et qu'après des journées très chaudes et très sèches survient brusquement une nuit froide et humide ou un brouillard. Les jeunes pommiers sont sujets à cette maladie, qui entraîne après elle les pucerons. On la guérit par de légers bassinages pratiqués avant le lever du soleil.

Le *Blanc*, syn. , *Meunier* , *Nielle* , *Lèpre* , est une substance blanchâtre qui apparaît en couche mince comme de la farine ; c'est une espèce de champignon qui se déclare assez communément sur les jeunes pousses du pêcher et quelquefois sur les fruits, après une pluie douce, un léger brouillard ou un changement brusque d'une température chaude et sèche à une température fraîche et humide. Une aspersion de sulfate de chaux faite aussitôt l'apparition du blanc le détruit complètement. Cette opération se pratique avant le lever ou après le coucher du soleil. On peut retrancher les extrémités des rameaux attaqués lorsque ceux-ci ont atteint un fort développement.

La *cloque* est une maladie qui se manifeste sur le pêcher depuis les premiers jours du printemps jusqu'au mois de juin. On reconnaît sa présence aux feuilles qui se recoquillent, se crispent et se boursoufflent, et aux jeunes pousses qui prennent une teinte jaunâtre, se sèchent et tombent. Elle est le résultat d'un refroidissement. Si le mal n'est pas très grave, on retranche seulement les pousses et les feuilles malades ; mais si tout le pêcher est atteint, il faut tailler à moitié et quelquefois aux deux tiers les branches sur lesquelles se trouvent le plus de feuilles altérées. On prévient la cloque au moyen d'avant-toits ou de paillassons.

La *gale* se déclare au printemps sur quelques variétés délicates de poiriers greffés sur cognassier ; elle attaque l'épiderme des rameaux de l'année principalement à leur base ; dès qu'elle a fait invasion, on voit apparaître de petites protubérances qui s'ouvrent et se détachent ; l'année suivante, il se manifeste des protubérances plus fortes et plus nombreuses à la même place ; la troisième, le mal est tellement aggravé que le bois est attaqué et les branches meurent. Pour arrêter les progrès de la gale, on passe un lait de chaux sur toute la charpente de l'arbre, on enlève jusqu'au vif l'écorce malade, et on recouvre la plaie d'onguent de Saint-Fiacre.

L'*écaillement de l'écorce* est une maladie qui a pour cause une transition subite du froid au chaud et du sec à l'humide, la transplantation d'un terrain maigre dans un sol trop substantiel, et le rapport d'engrais trop gras au moment de la plantation. Cette maladie, prise à temps, n'est pas très dangereuse ; on la guérit facilement au moyen d'une saignée faite en manière d'incisions longitudinales et en enlevant toute l'écorce écaillée ; après cette opération, on passe un lait de chaux qui détruit tous les insectes réfugiés dans les gerçures.

La *teigne* est une mousse fine d'un jaune verdâtre qui bouche les pores et arrête la végétation de l'arbre ; elle provient d'un sol maigre, humide et trop ombragé.

Pour la détruire, on profite d'une pluie, et on frotte l'arbre avec une brosse à poils rudes ou avec un racle ; on passe ensuite un lait de chaux, on rapporte de la bonne terre, et on donne de l'air. On détruit toutes les mousses par le même procédé.

Le *Gui* est une plante parasite qui se développe souvent sur les vieux pommiers et les vieux poiriers. Il s'implante sur les branches, les fait languir et les dessèche. Il faut le retrancher dès qu'on s'aperçoit de sa présence et enduire la plaie avec du mastic.

L'*Eponge* se manifeste sous forme de petites globules jaunâtres sur les écorces écailleuses des cognassiers, dans les crevasses des écorces des poiriers et de beaucoup d'autres arbres fruitiers plantés dans les terrains bas, ombragés, gras et boueux. Ces petites globules augmentent en nombre et en volume, brunissent et se durcissent tellement, qu'il est difficile de les enlever lorsqu'on a négligé de le faire au moment de leur apparition. L'éponge n'est pas très dangereuse tant qu'elle n'attaque que l'écorce ; mais aussitôt qu'elle envahit les racines, l'arbre cesse de pousser. On en débarrasse l'écorce avec un instrument tranchant, et on cicatrise la plaie avec du mastic chaud. Pour enlever celle des racines qui est souvent fort volumineuse, on fouille au pied de l'arbre, d'abord d'un côté, puis de l'autre, et on saupoudre les plaies avec des cendres sèches de bois ou de la chaux pulvérisée. Comme cette maladie peut se manifester de nouveau sur les mêmes arbres, il faut, pour la prévenir, assainir le sol.

Toutes ces maladies font comprendre qu'il serait bien préférable de greffer les variétés délicates de poiriers sur d'autres sujets que le cognassier et de les planter dans un sol et à une exposition convenables.

D. Pourriez-vous nous dire quelle est la cause de la mort subite qui frappe souvent les arbres fruitiers et particulièrement le Pêcher ?

R. On attribue cette mort à une transition subite du froid au chaud et du chaud au froid ; mais , si on fouille le sol autour de l'arbre frappé , on ne tarde pas à se convaincre que l'influence atmosphérique n'est pas la seule cause , car on découvre bientôt quelques racines dont la couronne est recouverte de matière blanchâtre, visqueuse et filamenteuse, et dont les extrémités d'un brun noirâtre se brisent au moindre contact ; il est vrai qu'on en remarque d'autres qui sont saines et intactes , mais elles ne sont pas assez nombreuses pour entretenir l'économie de l'arbre, qui semble mourir subitement lorsque survient cette transition brusque du froid au chaud et du chaud au froid. Lorsqu'on s'aperçoit , pendant cette transition , que les feuilles d'un arbre changent de couleur et de position , il faut promptement le déchausser , amputer , laver et cicatriser les parties malades , répandre en petite quantité de la chaux pulvérisée sur toutes les racines , rapporter de la bonne terre , et enfin enlever les fruits , tailler les rameaux de l'année , même ceux de prolongement , à moitié de leur longueur, et ombrer pendant quelques jours si le temps est clair et chaud.

### ANIMAUX ET INSECTES NUISIBLES.

D. Quels sont les animaux les plus nuisibles aux arbres fruitiers ?

R. Les animaux les plus nuisibles sont les rats et les souris, qui se logent sous les racines , les rongent et les déchirent ; les lapins, qui pénètrent dans les jardins et les vergers, et qui rongent l'écorce des jeunes arbres ; les chèvres et les moutons abandonnés à eux-mêmes, qui broutent plutôt les écorces des arbres que l'herbe qu'ils foulent sous leurs pattes. On détruit les rats et les souris par tous les moyens possibles, surtout avec de très petits morceaux d'éponges frits dans de la graisse ou du beurre , et répandus sur le sol près d'une soucoupe pleine d'eau. Pour préserver les arbres de la morsure des autres animaux, on fixe autour du tronc de petites planches armées de clous à pointes courtes mais aiguës.

D. Les insectes nuisibles sont-ils bien nombreux ?

R. Les insectes nuisibles sont très nombreux ; les uns sont regardés comme des causes de maladies, tandis que d'autres n'en sont que la conséquence. Il en est de ces derniers comme de certaines plantes parasites, telles que les Mousses, les Lichens et les Champignons, qui n'envahissent un végétal que parce qu'il est déjà malade. Parmi les premiers, on compte le *Hanneton* et surtout sa larve connue sous les noms de *Ver blanc*, de *Tours* et de *Turc*, la *Courtillière*, plusieurs espèces de *Charançons* et de *Chenilles*, la *Lisette*, le *Perce-Oreille*, les *Limaces* et *Limaçons*. Les principaux insectes, qu'on doit regarder plutôt comme la conséquence que la cause de la maladie, sont les *Punaises* nommées *Kermes*, *Cochenille* et *Gale* ou *Gallinsecte*, les *Pucerons*, le *Tigre* ou la *Grise* et les *Fourmis*. Nous n'indiquons aucune recette pour détruire le ver blanc, attendu les minimes résultats qu'on a obtenus avec celles qu'on trouve enregistrées dans les livres ; nous ne savons non plus quel moyen indiquer pour détruire les Charançons et la Lisette qui échappent au moment où on croit les tenir, et dont on ne détruit qu'une très faible quantité par une chasse continuelle à l'époque de l'accouplement, qui a lieu au moment de l'épanouissement des bourgeons. Le lait de chaux, les eaux de lessive et de savon répandues avec une seringue ou une pompe de jardinier, détruisent les Chenilles, qu'on attaque le matin et le soir au moment où elles se réunissent dans leur nid. La Courtillière se détruit de plusieurs manières : la plus sûre et la plus expéditive est de prendre des mottes de pré de cinq à six centimètres d'épaisseur, de les raser à cinq ou six centimètres de hauteur, de les placer à la tombée de la nuit, l'herbe sur le sol, dans les petits sentiers de jardin, et de les arroser légèrement à la grille. Le lendemain, de bon matin, on soulève les mottes sous lesquelles s'est réfugié l'insecte. On fait une chasse fructueuse au Perce-Oreille au moyen de petits cornets de papier qu'on garnit d'un peu de coton cardé et qu'on fixe à l'aisselle d'une branche. En visitant ces piéges le matin, on trouve l'insecte blotti dans le fond. La cendre de bois et la chaux pulvérisée détruisent parfaitement les Limaces et les Limaçons ; on en répand sur le sol au pied de l'arbre, mais il faut que le sol soit sec pour obtenir un bon résultat. Pour débarrasser les arbres de tous les autres insectes, on les frotte avec une brosse ou un linge de laine imbibés d'eau de savon, de lait de chaux, de sulfure de chaux ou d'eau de lessive. La poudre insecticide de MM. Vicat et Cⁱᵉ détruit très promptement ces sortes d'insectes, même le *Puceron Lanigère*, qui cause tant de ravages sur quelques variétés de pommiers, et qu'on reconnaît si facilement à la matière blanche et laineuse qui le recouvre. Cet insecte ne résiste pas à l'eau dans laquelle on a fait macérer de la mercuriale pendant quelques jours ; dix litres d'eau et deux bonnes poignées d'herbe suffisent pour débarrasser un fort pommier.

D. La guêpe, dont vous ne nous dites rien, n'est-elle pas un insecte nuisible ?

R. La guêpe exerce des dégâts plus considérables sur les fruits que sur les autres parties de l'arbre. Deux amateurs très distingués ont donné chacun un très bon moyen de la détruire. M. Péault, de Saint-Cyr, conseille un plat à salade à moitié plein d'eau dans laquelle on répand quelques gouttes d'absinthe et d'anisette ; les guêpes, attirées par l'odeur des liqueurs, viennent se noyer dans le plat. M. Filher place sur un nid de guêpes une petite cloche à bouture percée à son sommet ; il la recouvre d'une autre grande cloche à bouton, bouche soigneusement toutes les issues ; les guêpes sortent de la petite cloche par l'ouverture et meurent asphyxiées entre les deux cloches d'où elles ne peuvent s'échapper. De cette manière le nid tout entier périt, surtout si on place les cloches de bon matin, avant que les guêpes sortent pour aller butiner, et le soir lorsqu'elles sont rentrées au logis.

### DES MASTICS ET ONGUENTS.

D. Comment compose-t-on le mastic?

R. Le mastic qui sert à recouvrir les plaies faites aux arbres par la taille, la greffe, l'étêtement, l'élagage et les accidents, se compose de diverses manières. Voici la recette la plus usitée pour composer un kilogramme de mastic.

Prenez : Poix noire . . . . . . . . . . 280 grammes.
   Poix de Bourgogne. . . . . 280   id.
   Cire jaune. . . . . . . . . . . 150   id.
   Suif. . . . . . . . . . . . . . 150   id.
   Cendre tamisée ou ocre . . 140   id.

On fait fondre le tout ensemble sur un feu modéré ; il faut, après que toutes les parties sont dissoutes et mélangées, ajouter les cendres ou l'ocre et bien remuer, puis retirer de dessus le feu. Ce mastic s'emploie à chaud au moyen d'un petit pinceau.

D. Ne peut-on pas composer des mastics pour employer à froid?

R. Voici un mastic qui a l'avantage de pouvoir être appliqué froid et en couches très minces; il ne s'attache pas aux doigts et adhère facilement aux bois humides.

Prenez : Cire jaune. . . . . . . . . . . 550 grammes.
   Saindoux . . . . . . . . . . . 25   id.

Faites fondre sur un feu modéré ; après l'avoir rendu liquide, ajoutez :

   Térébenthine épaisse. . . . 100 grammes.
   Huile d'œillette. . . . . . . 25   id.

Mélangez bien le tout et donnez-lui une forme quelconque.

Le mélange de 250 grammes de poix fondue et de

250 grammes d'huile de baleine forme aussi un mastic solide qui s'applique à froid avec un pinceau.

On peut encore appliquer à froid le mastic suivant, composé avec :

| | |
|---|---|
| Poix. . . . . . . . . . . . | 95 grammes. |
| Résine blonde . . . . . . | 65 id. |
| Cire jaune . . . . . . . . | 65 id. |
| Suif. . . . . . . . . . . . | 50 id. |
| Huile de lin. . . . . . . . | 25 id. |

Le tout fondu ensemble sur un feu modéré. On verse l'ensemble dans l'eau froide et on en fait des bâtons.

D. De tous ces mastics lequel est le préférable?

R. Le premier, attendu qu'il ne contient point d'huile, substance souvent dangereuse lorsqu'elle n'est pas intimement mélangée aux autres parties.

D. Outre les mastics, ne peut-on pas se servir de ciment et d'onguent?

R. Les onguents offrent un inconvénient grave : ils se fendillent facilement par la sécheresse et sont pricipalement entraînés par l'action des pluies, d'où il résulte que la plaie n'est qu'imparfaitement abritée du contact de l'air. Ces onguents servent en outre de refuge à certains insectes qui, en se logeant autour des bords ou dans les fentes de ces couvertures, nuisent à la santé du végétal et portent préjudice au succès de l'opération.

D. Comment compose-t-on l'onguent?

R. L'onguent le plus simple, vulgairement onguent de Saint-Fiacre, se compose de parties égales de terre glaise fraîche et fine et de bouse de vache mélangée et pétrie avec du poil de vache ou de la paille finement hachée.

D. Quelle différence faites-vous de l'onguent avec le ciment?

R. Le ciment est bien préférable à l'onguent en ce qu'il est solide, d'une application simple, et qu'il n'attire pas les insectes. Voici la manière d'en préparer un, dont une seule couche mince est suffisante.

Prenez : Chaux pulvérisée et tamisée . .   5 parties.
          Charbon de bois pulvérisé . . .  1    id.

Broyez le tout avec assez d'huile de lin pour qu'on puisse l'étendre avec un pinceau un peu raide ; ajoutez, si vous voulez, un peu d'ocre jaune.

# SIXIÈME PARTIE.

## Culture des plantes potagéres (voir les tableaux).

### DU CHAMPIGNON.

D. Comment peut-on obenir des Champignons ?

R. Pour obtenir des Champignons artificiellement, il faut avoir du blanc ; on le fait dans un endroit couvert, sec et peu aéré ; le coin d'une grange, celui d'un hangar, ou même d'une écurie qui ne serait pas pavée de pierres bleues, sont favorables à son développement. La couche qui doit fournir le blanc de champignon doit se faire dans les premiers jours de mai. En voici la composition que l'on peut réduire à de moindres proportions :

Cinquante-six brouettes de fumier frais de cheval, d'âne ou de mulet ;

Six brouettes de bonne terre de jardin ;

Une brouette de cendres de bois fraîches et qui n'aient pas été lavées ;

Une demi-brouette de colombine fraîchement tirée du colombier ; il en faudrait le double si elle était de l'année précédente.

On arrosera le tout très légèrement avec de l'urine de vache ou du fond de fumier ; après qu'à l'aide de fourches le mélange aura été bien fait, on le placera, de l'épaisseur de trente-trois centimètres, le long d'une muraille ; la largeur est indéterminée, mais il faut cependant une certaine quantité de fumier réuni pour qu'il s'échauffe légèrement. On le tassera fortement avec les pieds, et, au bout de dix jours, on répétera le tassement, qui doit être continué deux ou trois fois par semaine jusque dans les premiers jours de septembre ; alors on le coupera avec une bonne bêche, par carré de trente-trois centimètres environ, et on le mettra séché dans un grenier ou toute autre place bien aérée, à l'abri du soleil et surtout de l'humidité. On place ces espèces de briques sur le côté, et on les retourne de temps à autre.

Ce blanc se conserve de dix à douze ans, s'il est placé dans un endroit sec et où il ne gèle pas fort.

Il y a une seconde manière d'obtenir le blanc de champignon ; mais comme elle est moins certaine que la première, parce qu'il est plus difficile de trouver la place qui convienne, nous la passons sous silence.

### DES COUCHES A CHAMPIGNONS.

(Méthode de M. d'Hoogvorst.)

Une couche à champignons ne doit être exposée ni à un courant d'air, ni au grand jour, ni sur un sol pavé de pierres bleues. Le fumier destiné à la confectionner est mis en tas, en plein air et à l'ombre, après avoir été dégagé de ses plus longues pailles ; ces tas doivent contenir à peu près la quantité de deux brouettes chacun ; on les élève en pointe pour qu'ils présentent moins de surface à la pluie, et on les laisse dans cet état dix jours en été et six en hiver ; après ce laps de temps, le degré de fermentation qu'il répand n'étant pas assez élevé pour brûler le blanc, on procède à la formation de la couche dans une cave, sous un hangar, dans une écurie ou autres places basses et sèches, et quand toutes les places d'une maison ont été occupées, il faut en chercher d'autres au dehors, car il est prouvé par l'expérience que l'on n'obtient jamais de récoltes successives sur le même emplacement.

Les couches se font en tombe ou en meule; la première est en forme de dos d'âne, isolé dans le milieu d'une cave ou d'un autre local; la seconde est, au contraire, appuyée contre une muraille ou une planche; c'est, en un mot, un demi-dos d'âne.

La dimension d'une couche est indéterminée, mais lorsqu'on voudra l'avoir bien élevée, il faudra, pour épargner le fumier, ainsi que pour empêcher qu'elle ne brûle trop longtemps, faire un noyau dans le centre, d'une épaisseur de vingt à vingt-cinq centimètres et de la forme dont on veut la couche. Ce noyau peut être en terre, en vieux fumier décomposé, ou mieux encore en vieux tan. Lorsque ce noyau est bien tassé avec les pieds, on le recouvre de trente-cinq centimètres environ de fumier de cheval ou de mulet, que l'on tasse de la même manière. On recouvre le fumier de six à neuf centimètres de bouse de vache, qu'on a eu soin de faire ramasser sur les prés aux mois de septembre et d'octobre et dessécher dans un grenier; on humecte ensuite avec de l'eau nitrée (soixante-deux grammes de nitre dissous dans un litre d'eau tiède, mêlés à neuf litres d'eau froide, suffisent pour une couche de deux mètres carrés). Le tout étant bien égalisé et pressé avec le dos d'une pelle, on y introduit le blanc; pour cela, on fait avec les doigts de petits trous de cinq à six centimètres de profondeur et à la distance de quinze à vingt centimètres les uns des autres, et on met dans chacun gros comme une noix de blanc; on les bouche ensuite avec de la terre de jardin (si la chaleur de la couche est trop forte, on attend quelques jours). Lorsque la couche est entièrement garnie de blanc (ce qu'on nomme larder), on la recouvre d'un lit de terre de trois centimètres d'épaisseur, que l'on aplatit avec le dos de la pelle, et on jette ensuite par dessus une légère couverte de foin ou de regain pour empêcher la superficie de sécher trop vite. Si cette couche a été faite avec soin et dans un lieu convenable, on doit voir paraître de petits champignons du vingt-huitième au trente-unième jour, quelquefois plus tôt si la température du local est bien égale. Les caves froides et humides ne sont pas propres à cultiver le champignon. Le local le plus avantageux est une écurie où la chaleur égale, douce et vaporeuse contribue au développement du blanc.

A défaut d'écurie, de hangar et de cave, on peut cultiver dans un appartement sombre, dans de simples caisses qu'on remplit : 1° de seize à dix-huit centimètres de bon fumier de cheval ; 2° de huit à neuf centimètres de bouse de vache nitrée ; 3° enfin de trois centimètres de terre après avoir lardée.

Une couche de quatre-vingts centimètres d'épaisseur, au lieu de trente-cinq centimètres, et d'un mètre trente-cinq de largeur, pratiquée le 1er mai au pied d'un mur au levant, et parfaitement ombrée et garantie du froid, a produit une récolte très abondante depuis le 15 juin jusqu'au 15 février, c'est-à-dire pendant huit mois.

### DU FRAISIER.

D. Faites-nous connaître les préceptes les plus faciles de culture de la fraise.

R. La fraise se multiplie par stolons ou filets, par œilletons (lorsque l'espèce ne produit pas de filets) et par graine ; celle-ci conserve sa faculté germinative deux ans et plus, mais elle doit cependant être semée immédiatement après la récolte pour obtenir un plus grand succès. La graine se sème en planche, mais mieux en terrine, dans une terre légère, meuble et mélangée de terreau bien fait ; on la recouvre d'une couche de deux à trois millimètres de même terre passée au crible ; on paille, on bassine et on expose le semis dans un endroit ombragé. On a le soin de renouveler les bassinages toutes les fois que la terre perd son humidité ; si l'on sème en planche, celle-ci doit être composée également de bonne erre légère, tenue ombrée et humide comme les vases.

Les graines ne lèvent pas toutes le même jour ; il arrive que quelques plants montrent déjà trois ou quatre feuilles, tandis que d'autres au contraire n'en sont qu'à la première ; alors il faut arracher les plus forts et les repiquer en pépinière, parce qu'ils empêcheraient les retardataires de se développer et qu'eux-mêmes resteraient stationnaires ; on les repique de douze à quinze centimètres les uns des autres, et on les laisse en pépinière jusqu'à ce qu'ils aient pris un grand accroissement, qu'on facilite en retranchant tous les filets à mesure qu'ils paraissent ; vers le milieu d'octobre, on les plante à demeure. L'année suivante on peut récolter du fruit, mais il est bien préférable d'attendre une année de plus. C'est alors que le plant, bien traité, a acquis toute sa force, et qu'il produit abondamment. Ce n'est que la deuxième année de plantation à demeure qu'on peut juger du volume, de la fertilité et de la valeur d'une Fraise de semis ; si on laisse porter la première année, le plant perd considérablement de sa force, et le produit de la deuxième année est médiocre ; de cette manière, il résulte que le semis est pour ainsi dire insignifiant, tandis qu'il pourrait renfermer souvent des sujets de premier mérite.

On peut toutefois laisser porter la première année, mais une seule tige florale et un seul fruit qui indiquera si le plant doit être conservé ou rejeté. On ne doit pas laisser sur un pied plus de quatre tiges et sur chaque tige plus de quatre à cinq fruits ; tous les derniers noués et toutes les dernières fleurs doivent rigoureusement être retranchés, ainsi que les filets et les feuilles mortes. Le plant qui aura produit pendant trois années sera remplacé, parce qu'après trois ans de production, il donne des fruits qui ont perdu toutes leurs qualités.

Pour renouveler une ligne de fraisier, on prend les jeunes sujets qui se forment sur les stolons qui sortent du corps du fraisier. Les plants formés pendant l'année sont les meilleurs; il est avantageux de les séparer en juillet; on les traite, avant de renouveler la fraisière, comme on traite le plant de semis, c'est-à-dire qu'après avoir passé un certain temps en pépinière pour acquérir de la force, on les met en place.

Quelques praticiens prétendent qu'il faut repiquer le semis et le plant provenant de filet deux par deux ou trois par trois dans chaque trou, lorsqu'on les place en pépinière; nous croyons ce mode de culture vicieux, car il est difficile que deux ou trois sujets collés ensemble pour ainsi dire prospèrent bien. Cette méthode est employée, il est vrai, pour les fraises dites *quatre-saisons*, que l'on met en place en terre un peu forte; dans une terre légère, cette précaution est presque inutile, parce que les pieds deviennent plus forts lorsqu'ils sont plantés un à un.

Les fraisiers qui portent de gros fruits et qui ne portent qu'une fois demandent des arrosements moins fréquents que ceux qui portent de petits fruits, et pendant toute la belle saison. Il faut aux premiers des arrosages modérés et lorsqu'on juge qu'ils en ont besoin; sans cette précaution leurs fruits deviennent insipides et prennent le goût des *quatre-saisons* qui sont arrosées tous les jours. Si l'on voulait obtenir de gros fruits en automne, nous croyons qu'il serait à propos de retrancher toutes les tiges florales qui poussent au printemps; mais cette production serait de peu de valeur, attendu qu'à cette époque la fraise n'a plus qu'un bien faible arôme, et que d'autres fruits très savoureux la font négliger; toutefois elle pourrait être cultivée pour l'ornement des desserts, en compagnie de la pêche, de la poire et du raisin.

Il faut rechausser le plant de Fraisier tous les ans avec du terreau mêlé de fumier; cette opération se fait en automne ou avant les gelées; elle est une des plus essentielles à la conservation de l'individu, qui dégénère si on la néglige.

Lorsqu'on prépare la place d'une fraisière, il faut ne se servir que de fumier court et bien consommé, car le fumier gras fait périr le plant. L'expérience nous a démontré qu'un quart de matière fécale mélangé à trois quarts d'eau et répandue sur la fraisière par un temps humide et avant la poussée du plant lui donne beaucoup de vigueur.

La fraisière doit être parfaitement nettoyée des mauvaises herbes ; on la bine ou on la sarcle au printemps, puis on la couvre de paille pour empêcher l'évaporation. Nous croyons devoir dire que le Fraisier à gros fruit a le grave inconvénient d'avoir des tiges couchées. Un simple paillis ne suffit pas pour empêcher la fraise de toucher la terre ; il faut nécessairement tenir les tiges droites au moyen de petites baguettes, ce qui n'est pas difficile lorsque le plant est convenablement espacé et surtout tenu dans un parfait état de propreté. On voit par ce qui précède que les conditions de la bonne culture du Fraisier se réduisent à quelques préceptes courts et faciles. En effet, terre légère, humide, plant bien espacé, tiges, fruits et fleurs superflus retranchés, strict enlèvement des filets ou stolons, binage, bassinage à propos et surtout grande propreté, terreau, fumier et paillis, quand arrive l'époque de leur emploi, voilà toute la culture de la fraise : à cela, il faut ajouter que toute plantation faite avant l'hiver est préférable à celle faite au printemps, comme celle qui est faite par un temps humide est meilleure que celle faite par un temps sec et chaud.

## DU MELON.

D. Beaucoup de personnes ne cultivent pas le Melon, parce qu'elles prétendent que sa culture est trop difficile. Faites connaître les moyens d'en obtenir de bons et à peu de frais.

R. Le Melon se cultive de deux manières : d'abord sur

*couche sourde* ou en dos d'âne, et sur *butte Loisel.* La couche sourde consiste à pratiquer dans le sol et à une exposition chaude une tranchée ou simplement un trou de cinquante à soixante centimètres de large sur quelques centimètres de profond, à remplir la tranchée ou le trou de bon fumier de cheval qui a jeté son premier feu, à recouvrir le fumier, qui est légèrement élevé au dessus du niveau du sol en forme de dos d'âne, d'une couche de dix centimètres d'épaisseur de bon terreau neuf, à planter par chaque trou, et à un mètre de distance les uns des autres, sur le dos de la couche, un pied de Melon, et enfin à recouvrir le plan d'une cloche de verre ou de papier huilé.

Pour élever le Melon sur butte Loisel, on fait également choix d'une exposition chaude, de même fumier et de même terreau. On transporte une forte brouette de fumier dont on forme un mamelon un peu plus large que haut, et dont on recouvre toute la surface de dix à douze centimètres de terreau, avec la précaution de tenir la partie supérieure de la butte plate et large au moins de trente-cinq à quarante centimètres, au milieu de laquelle on plante un pied de Melon, qu'on recouvre également d'une cloche semblable à la première. Dans la crainte que le fumier ne perde trop vite sa chaleur ou qu'il ne soit trop pénétré par l'humidité, on passe légèrement le dos d'une pelle sur le terreau. Cette butte, ainsi confectionnée, peut avoir une diamètre de quatre-vingt-dix centimètres à un mètre et une hauteur de soixante centimètres environ.

Pour obtenir un plant qui ne flétrisse pas à la plantation, on sème sur couche deux ou trois graines par petits pots, et on choisit le plant le mieux constitué; on dépote sans déraciner, et le sujet continue à végéter sans flétrir. Lorsque ce sujet commence à prendre sa troisième feuille, on le pince au dessus de la seconde, afin de faire développer un rameau à chacune de leurs aisselles. Ces rameaux sont pincés de la même manière dès que la troisième feuille se montre ; ce second pincement produit le même effet que le premier, c'est-à-dire qu'il fait développer de nouveaux rameaux. Le pincement a encore l'avantage de faire éclore les fleurs plus promptement, de faire nouer les fruits plus tôt et plus rapprochés du pied. Les autres soins à donner, après que le nombre de fruits désiré est obtenu, consistent dans la suppression des rameaux inutiles, dans la taille de ceux qui portent, afin de réserver une plus grande somme de sève aux fruits qu'on tient élevés sur trois morceaux de bois plantés en terre et réunis de manière que leurs sommets forment entre eux un triangle. Le Melon, placé sur le milieu de ce triangle, lorsqu'il est de la grosseur d'une pomme, est beaucoup mieux que sur une planche ou sur une tuile, attendu qu'il est plus éclairé, plus aéré et plus également échauffé.

Si la variété plantée est à gros fruits, on n'en conserve qu'un par chaque rameau ; mais si elle est à petits fruits, on peut en conserver deux et même trois. Quelques praticiens, sans doute très habiles, pincent au dessus de la première feuille ; mais alors ils plantent deux sujets sur la même butte ou dans le même trou.

Les meilleures variétés de Melons sont : l'*Ananas à chair rouge* et à *chair verte*, les *Cantaloups Noir des Carmes*, *Prescott*, *Prince de Joinville*, *Gros noir de Hollande*, le *Melon brodé d'Espagne*, le *Muscatello de Loisel*, la *Muscade des États-Unis* et le *Sucrin à chair blanche*.

## DE L'ASPERGE.

D. Comment cultive-t-on l'Asperge, ou plutôt comment doit-t-on la cultiver ?

R. L'Asperge se cultive : 1° en petites fosses étroites, longues et séparées les unes des autres par de la terre non travaillée ; 2° en planches larges ou en carrés, et à tranchée ouverte. C'est cette dernière méthode qu'il faut préférer. Elle consiste à enlever à l'automne trente à trente-cinq centimètres de terre sur toute la surface destinée à recevoir la plantation, à triandiner deux ou trois fois pendant l'hiver, lorsque le temps permet, le fond de cette tranchée, de manière à ameublir le sol et à le nettoyer de toutes les pierres et racines qui s'y trouvent. Vers le commencement d'avril, on donne un nouveau labour après avoir recouvert le fond de la tranchée d'un bon lit de fumier de cheval, ni trop neuf, ni trop fait; ce sol ainsi préparé, on forme de très petites buttes distantes de soixante à soixante-dix centimètres les unes des autres en tous sens, et on place la griffe au milieu de ces petits mamelons, avec la précaution d'étendre les racines de manière à ce qu'elles ne se croisent pas, et on recouvre le plant de sept à huit centimètres de très bon terreau léger et riche en matières azotées. Pendant l'été, on donne de légers binages pour préserver l'aspergère de toutes mauvaises herbes. A l'approche de l'hiver, on couvre toute la tranchée d'un bon paillis qui préserve l'asperge des grands froids. Au printemps suivant on retire les longues pailles seulement, et on recouvre la tranchée de quatre à cinq centimètres de même terreau que celui de l'année précédente. Pendant l'été on bine et on tient propre. Les deux années suivantes, on continue les mêmes soins. Lorsque le plant est en rapport, ce qui arrive vers la troisième ou quatrième année, suivant sa force, on recouvre les griffes d'une butte de dix centimètres de terreau, et, dès que l'asperge dépasse cette butte de la longueur voulue, on la déchausse au moyen d'une petite houlette en fer, et on la coupe près du collet. Cette opération, qui se répète pendant la durée de la récolte, est très facile à faire, attendu la grande légèreté du sol. Elle a l'avantage sur la méthode ordinaire de ne pas exposer une asperge à être coupée avant sa sortie de terre et de réserver aux autres la sève qui se perd inutilement dans la partie coupée au dessus de la griffe. Vers le commencement de septembre, on retire de dessus les griffes le dernier terreau rapporté, même une partie du premier, pour s'en servir de la même manière au printemps suivant, après toutefois l'avoir enrichi pendant l'hiver de matières neuves et nutritives. A l'approche des gelées, on paille comme précédemment, et on continue les mêmes opérations jusqu'à extinction de l'aspergère, c'est-à-dire que tous les printemps on butte les griffes, tous les automnes on les débutte et, pendant tous les hivers on paille. Par cette méthode, qui est celle de M. Thierry, la griffe, qui a toujours une tendance à monter, s'en trouve empêchée, vu le peu d'épaisseur de la couche de terreau qui la recouvre pendant l'hiver.

### DE L'ARTICHAUT.

D. Comment cultive-t-on l'Artichaut?

R. L'artichaut se multiplie d'œilletons qu'on détache de la plante mère, à laquelle on en laisse trois ou quatre des plus beaux destinés à produire; cette opération se fait en avril ou fin de septembre. En avril, on choisit des œilletons munis ou non munis de racines, et on plante le soir si on a séparé le matin, ou le lendemain matin si on a séparé le soir, car il faut laisser sécher la plaie pendant quelques heures. A la fin de septembre, les œilletons munis de racines sont préférables; on plante à soixante-dix ou quatre-vingts centimètres en tous sens deux œilletons, dans la crainte que quelques uns ne reprennent pas, et on arrose, s'il fait un temps sec et chaud, afin de faciliter la reprise. L'Artichaut se plaît dans les sols profonds, bien amendés et bien fumés; il craint les sols humides, forts et froids. L'œilleton planté en avril donne parfois à l'automne suivant; celui qui a été planté à la fin de septembre produit au printemps suivant. Après la récolte, on supprime la tige qui a produit, et, lorsque l'hiver approche, on enlève toutes les feuilles mortes; on coupe le bout de celles qui sont en bon état, et on butte le plant, qu'on recouvre, pendant les grands froids, de paille, de feuilles ou de toutes autres matières semblables ; à la fin de l'hiver, on débutte partiellement, afin de ne pas exposer brusquement le plant à la lumière. Il ne faut pas oublier pendant l'été de donner de légers labours, de tenir le sol en bon état de le fumer au moins tous les deux ans, et, d'enlever les œilletons superflus, attendu que quatre sont suffisants. On cultive deux variétés d'Artichaut : le *Vert* et le *Violet*.

### DE LA CAROTTE.

**D.** Comment cultive-t-on la Carotte?

**R.** La Carotte aime une terre meuble, profonde et fumée l'année précédente ; elle se sème clairement en planche à la volée, de février en juin ; après le semis, on piétine la terre, surtout si elle n'est pas trop fraîche, on passe le râteau, et on recouvre la planche d'une très légère couche de fumier court et consommé ; on tient la planche propre et purgée de mauvaises herbes, au moyen de légers binages. On peut conserver les Carottes dans les caves, en les couvrant de sable sec, ou dans des silos garnis de paille. Depuis quelques années, nous en conservons en pleine terre, où elles passent l'hiver sans subir la moindre altération. Au printemps, on plante quelques beaux sujets pour obtenir de la graine, avec le soin d'espacer par de très longues distances les variétés les unes d'avec les autres. Les meilleures dont nous recommandons la culture sont la *Blanche transparente de Mulhouse*, délicieuse, la *Courte de Hollande*, la *Jaune d'Amiens* et la *Longue rouge d'Altringham*.

### DU CÉLERI.

**D.** La culture du Céleri est-elle bien compliquée?

**R.** On cultive le Céleri de deux manières différentes. On le sème en pépinière en planche, de janvier en avril, en

terre meuble et fraîche qu'on recouvre d'une légère couche de terreau ou de paille, après avoir donné un léger
coup de râteau. On entretient une humidité suffisante
propre à faciliter la germination. Lorsque le plant a acquis une hauteur de dix à quinze centimètres, on le repique en pépinière d'attente à dix ou douze centimètres
l'un de l'autre. A la fin de juin, on creuse une fosse
d'un mètre trente centimètres de largeur sur vingt centimètres de profondeur; on en garnit le fond de fumier,
on donne un bon labour, et on plante les Céleris en
ligne à trente centimètres les uns des autres en tous
sens; on arrose pour assurer la reprise. Pendant les
chaleurs, on bine et on réitère souvent les arrosements.
Vers le milieu d'octobre, on procède à un demi-re-
chaussage de la fosse avec la terre qui a été placée
en ados sur ses bords; cette opération se fait après avoir
réuni, sans trop les presser, toutes les feuilles d'une
plante, au moyen de liens de paille mouillée. Un mois
après, on finit de combler la fosse en procédant de la même
manière. Si le plant a été bien entretenu et bien soigné, il
aura acquis, vers la fin de novembre, une hauteur d'au
moins soixante centimètres. Alors on le rechausse encore
avec de la terre prise dans les planches voisines. Lorsque
les gelées se font sentir, on couvre le Céleri de feuilles ou
de litière, et on l'arrache à mesure du besoin, ou bien on
enlève tous les plants avec un peu de terre et on leur fait
passer l'hiver dans un cellier. On cultive aussi le Céleri
sans creuser de tranchée; cette méthode est même très
usitée; mais, pour les faire blanchir, on est obligé de les
rechausser avec de la terre prise dans des fosses creusées
de chaque côté de la planche. Le plus souvent on les arrache et on les met en ligne près les uns des autres, avec
la précaution de tenir chaque plant entouré de terre. Il
est vrai qu'avec cette méthode une seule planche peut
contenir le produit de cinq ou six et permet d'utiliser
promptement celles qui sont vides, mais en l'adoptant on

perd une grande quantité de sujets qui périssent par l'effet de la pourriture. Ainsi, tout bien compté, on perd d'un côté ce qu'on risque de gagner de l'autre.

Le *Céleri-rave* se sème et se repique en pépinière comme le précédent et avec les mêmes soins; lorsqu'il est assez fort, on le plante en ligne à vingt-cinq centimètres en tous sens. Le choix du plant est une chose importante, car c'est de lui que dépend le succès de la plantation; on choisit celui dont la racine commence à gonfler, cette racine ne doit avoir qu'un pivot mince et effilé; tous les plants dont les racines sont bifurquées ou dont les pivots sont gros et longs sont à rejeter, car ils ne pomment pas. Les variétés de Céleris à côtes les plus estimées sont le *Blanc plein*, le *White impérial*, le *Cole's* et le *Mammouth*. Le *Céleri-rave d'Erfurt* est une très bonne acquisition qui est plus tendre et pomme mieux que le *Céleri-rave ordinaire*.

### DU POIS CULTIVÉ.

D. Comment cultive-t-on le Pois?

R. On peut semer le Pois, depuis la fin de novembre jusqu'en juillet, dans une terre meuble et fumée l'année précédente. On le sème en lignes espacées, suivant la variété, de trente à quarante centimètres. Si on sème avant l'hiver, les rigoles auront de dix à douze centimètres de profondeur; mais, si on sème au printemps et en été, une profondeur de six à huit est suffisante. Lorsque le semis a atteint une hauteur de huit à dix centimètres, on donne un léger binage; on rechausse et on place les rames si la variété en a besoin. Lorsque les planches sont larges et qu'elles contiennent cinq lignes de Pois, on place ordinairement trois rangs de rames, et deux seulement si les planches ne contiennent que quatre lignes. On ne doit rien récolter des planches qu'on réserve pour semer avant que les plantes ne soient sèches; alors on les arrache, on les rentre, et on ne sépare les cosses des tiges qu'après une entière dessication. Si on peut conserver la graine dans les cosses, elle conserve sa faculté germinative au moins cinq ans, tandis qu'elle la perd après trois lorsqu'elle en est séparée. Si on pince le Pois au dessus de sa troisième feuille, on le fait ramer davantage, fleurir et fructifier plus tôt. On divise les variétés de Pois en deux sections : les *Pois à écosser*, dits *Petits-Pois*, et les *Pois sans parchemin*, dits *Mange-tout* ou *Gourmands*. Ces deux sections renferment des variétés à rames et d'autres sans rames ou *Pois nains*, les meilleures, les plus hâtives et les plus fertiles. Parmi les variétés à écosser et à ramer sont le *Bivort*, le *Michaux de Hollande*, l'*Empereur*, le *Victoria Marron*, le *Croux*, le *Ridé de Kenigt*, le *Champion*, le *Brihtis-Queen* et le *Queen Victoria*.

Les meilleures variétés de Pois nains à écosser sont le *Roi des nains*, le *Bishop à longues cosses* et le *Nain hâtif*.

Nous recommandons les variétés sans parchemin à ramer : *Blanc à grandes cosses*, *à grandes fleurs blanches* et *à fleurs rouge-violet*, et les *Nains hâtif* et *ordinaire*.

## DU HARICOT.

D. La culture du Haricot est-elle plus difficile que celle du pois ?

R. Le Haricot se plaît dans une terre normale, bien divisée, exempte de pierres et bien amendée au moyen de fumier sec. Comme il craint le froid et succombe aux gelées tardives, on le sème quelquefois en avril, mais mieux de mai à la mi-août, en lignes, en sillons ou en poquets ; Trois ou cinq grains par place ou par trou et à trente-cinq ou quarante centimètres en tous sens s'il est nain, et à quelques centimètres de plus s'il est à rames. Lorsqu'il prend ses premières feuilles, on bine et on rechausse ; un second binage et un petit buttage sont fort importants dans les sols où on redoute un excès d'humidité. On rame le Haricot comme le pois, et on traite les porte-graines de la même manière, c'est-à-dire qu'on ne cueille rien avant la maturité, qui s'annonce par le changement de couleur des cosses et par leur dessication. On arrache les variétés sans rames, on les met en bottes, et on les fait sécher sous un hangar. On détache simplement les cosses des tiges des variétés à rames. Le Haricot en cosses conserve ses facultés germinatives quatre ans, et deux années lorsqu'il est écossé. Nous ne saurions trop recommander d'enlever toutes les pierres qui se trouvent dans les sillons, attendu qu'elles brisent souvent les cotylédons de la jeune plante, qui alors ne végète plus et périt. Le Haricot a ses dénominations et ses sections comme le pois. Ainsi, il y a les haricots à rames, les demi-rames et les nains; il y a une section de haricots verts qui se consomment en petites cosses vertes et lorsque le grain est à peine formé, et une autre qu'on nomme *Mange-tout* ou *Sans parchemin*, c'est-à-dire qu'on mange cosse et grain ensemble, presque au point de maturité. Les meilleures variétés à rames pour manger en vert sont le *Villetaneuse*, le *Négri*, le *Lafayette*, le *Sabre* et le *Gros jaune de Hambourg*. Les bonnes variétés de nains sont le *Hâtif de Hollande*, le *Hâtif de Laon*, le *Blanc d'Amérique*, le *Noir de Belgique*, le *Coco de la Chine* et le *Canada*, qui a beaucoup de rapport avec le blanc d'Amérique. Parmi les variétés de haricots sans parchemin, il faut choisir comme préférables les *Prague rouge*, *bicolore*, *panaché* et *blanc*, dit *Sophie*, le *Beurre* ou d'*Alger* et le *Prédome*. Le *Prague nain*, le *Beurre* d'*Alger nain à grains blancs* sont les deux meilleures variétés sans rames.

DU CHOU.

D. Veuillez nous faire connaître les sortes de races de Choux qu'on cultive pour l'alimentation et comment no les cultive.

R. On divise les Choux en cinq sections : les *Choux verts*, les *Choux pommés*, les *Choux-raves*, les *Choux-navets* et les *Choux-fleurs* et *Brocolis*. Chacune de ces sections comprend plusieurs races et chaque race une multitude de variétés. Les unes se sèment au printemps, les autres en été. Ainsi, parmi les variétés de *Cabus*, les unes se sèment en août et septembre, les autres de février en mars et avril les *Choux de Milan* se sèment de février à juin, les *Choux de Bruxelles* en mai. Les *Choux-raves* comprennent quelques variétés ; on les sème de mars en juin ; les *Choux-navets* d'avril en juin ; enfin les *Choux-fleurs* et les *Brocolis*, dont on compte aussi plusieurs variétés, se sèment de mars en juin. Quelques variétés, semées à la fin d'août, ont parfaitement supporté les froids de 1853 et de 1854. Nous ne dirons rien des *Choux verts*, attendu qu'ils sont plutôt du domaine de l'agriculture que de l'horticulture, bien qu'on en cultive quelques variétés pour la cuisine et quelques autres comme plantes ornementales. Ces choux se sèment en pépinière, en planche qu'on recouvre de paille ou de terreau fin après avoir passé le râteau. On repique en place ou en pépinière pour le besoin ou pour fortifier le plant avant de le mettre en place. Après la plantation en pépinière ou en place, on arrose pour faciliter la reprise ; on plante en ligne, et on espace les plants suivant les variétés, comme nous l'indiquons sur le tableau des plantes potagères.

Le Chou cabus comprend des variétés hâtives et des variétés tardives, toutes assez rustiques ; les premières sont en général à têtes coniques et les secondes à têtes rondes, coniques ou sphériques. On sème les variétés hâtives en août et septembre, et on les repique en pépinière ou en place ; quelques personnes ne les mettent en place que vers la fin de février et réussissent très bien. Les meilleures variétés sont le *Pain de sucre hâtif*, le *Winnigstadt* de deux saisons, le *Cœur-de-Bœuf* petit et gros et l'*York*. Les variétés tardives se sèment de mars en avril et se traitent de même ; les meilleures sont le *Saint-Denis*, le *Blanc de Bonneuil*, le *Cabus d'Alsace*, le *Conique de Poméranie*, le *Hollande à pied court*, le *Joannet*, le *Bacalan*, le *Hâtif d'Erfurt*, et le *Vaugirard* à semer fin juin, le *Cristallin*, le *Rouge*, *le gros* et *le petit*. D'après plusieurs expériences, nous pouvons dire qu'en général tous les choux cabus peuvent se semer jusqu'en août ; les choux de Milan se sèment ordinairement de février en juin ; mais l'expérience démontre aussi qu'on peut le semer comme les cabus jusqu'en août. Les variétés principales sont le *Hâtif d'Ulm*, le *Nain*, le *Pommé frisé d'Allemagne*, plus connu sous le nom de *Milan des Vertus*, le *Milan du Cap*, le *Milan de Russie*, le *Milan doré*, le *Conique* et le *Gros Milan*. Le *Chou de Bruxelles* est une espèce de Milan très rustique ; si on veut en avoir de bonne heure, on peut le semer en avril, mais le semis de juin donne des têtes plus serrées. On en possède deux variétés, l'*ordinaire* et l'*amélioré* ; nous préférons cette dernière, parce qu'elle est plus productive et plus rustique. Il produit rarement de bonnes graines dans nos pays ; il faut en faire acquisition en Belgique toutes les fois que la provision est épuisée.

Les meilleures variétés de chou-rave sont le *Blanc ordinaire*, le *Blanc à feuilles d'Artichaut*, le *Violet*, le *Nain hâtif*, et le *Blanc* et le *Violet hâtif de Vienne*. De tous les choux-navet, nous recommandons le *Blanc*, connu sous le nom de *Navet de Suède*, et le *Violet*, plus fin et plus délicat que le blanc. Les graines de tous ces choux peuvent se conserver de cinq à six ans. Les *Choux-fleurs* et *Brocolis* réussissent comme tous les autres choux, mais ils exigent plus de soins. En effet, il leur faut de copieux arrosements, surtout lorsqu'ils sont jeunes, une température plutôt humide que sèche et chaude, et un sol plus meuble et plus terreauté. Si on craint que les semis d'automne ne supportent pas les grands froids, on les repique en pépinière sous un châssis qu'on recouvre de paillasson ou de litière, et on plante en place dans le courant de mars.

9

Les variétés auxquelles nous donnons la préférence sont le *Salomon*, le *Demi-dur de Hollande*, *d'Angleterre*, le *Normand* magnifique et robuste, et le *Nain hâtif d'Erfurt*. Les bonnes variétés de *Brocolis* sont le *Blanc*, le *Violet nain hâtif* et le *Mammouth*, très recommandables. Les choux sont attaqués dans leur croissance par les chenilles, les tiquets et d'autres petits insectes. Pour les préserver, on les saupoudre, après une pluie ou une forte rosée, avec de la cendre, de la suie ou de la chaux en poussière. On rejette tous les plants dont les tiges sont couvertes de petites bosses, car elles renferment un petit ver qui vit aux dépens de la plante et l'empêche de pousser convenablement. Il ne faut pas planter les sujets dont le cœur est attaqué ou détruit parce qu'ils ne poussent pas. On conserve les choux pendant l'hiver dans des caves ou dans des celliers; on peut les conserver dans des silos auxquels on donne une profondeur et une largeur de quarante à cinquante centimètres; on garnit le fond de paille, et on place les choux la tête en bas près les uns des autres; on les recouvre de paille et de terre pour les garantir de l'humidité; on donne aux silos la forme de tombe, et on presse fortement la terre afin que la pluie ne puisse la pénétrer, mais il faut avoir soin que le dos du silo soit plus large que la tranchée. Les choux-fleurs ne se conservent pas par cette méthode. Les choux-navets supportent les plus grands froids, mais les choux-raves sont plus délicats: il leur faut la cave ou le cellier.

## DU CARDON.

D. Comment cultive-t-on le Cardon, et quelles sont les variétés qu'il faut préférer?

R. Le Cardon se sème en avril sur couche, deux ou trois graines par pots, ou en place en mai, deux ou trois graines par poquets terreautés et espacés d'un mètre les uns des autres en tous sens. Lorsqu'on repique en place, on dépote sans déchausser le plant, et on ne conserve que le plus fort et le plus vigoureux ; toutefois , la suppression ne se fait qu'après que le plant est en pleine végétation et capable de résister aux attaques de la courtillière et du ver blanc qui en détruisent une certaine quantité.

Le Cardon aime une terre douce, substantielle, profonde et bien exposée, les arrosements modérés mais fréquents. Il est sujet à être envahi par les insectes, qu'on détruit au moyen de cendres sèches ou de la chaux en poussière. Dans les environs de Lyon, on le fait blanchir dans des silos, mais cette méthode est peu avantageuse, car la plante couchée dans la terre se conserve mal et pourrit en peu de temps : il convient donc mieux de l'envelopper d'un lien de paille, depuis la base jusqu'à son sommet, par un temps sec, et de la butter à une certaine hauteur : de cette manière, elle se trouve privée de lumière, et elle blanchit dans quinze jours ou trois semaines sans pourrir. Cette opération se fait au fur et à mesure des premiers besoins; mais, lorsque le froid approche, on lie la plante par le milieu et par le bout; quelques jours après, par un temps sec, on déplante en motte, et on replante près, dans une cave sèche, mais mieux dans un cellier ou une orangerie, ou on fait blanchir, selon les besoins de la consommation, dans du sable sec ou dans un tonneau ; à cet effet, on fait choix d'un tonneau sans fond, dans lequel on place les plantes droites près les unes des autres, et on les recouvre de sable sec; après le temps nécessaire au blanchiment, on renverse le tonneau, et on trouve des plantes blanches et surtout exemptes de pourriture. Les meilleures variétés sont : *le Pavis de Tour à côtes rouges* et le *Plein inerme.*

## LISTE DE QUELQUES BONNES PLANTES POTAGÈRES.

AUBERGINE *grosse violette*, *blanche et panachée de la Guadeloupe* ;

BETTE-RAVE *de Bassano*, *Whyte et rouge naine* ;

CHICORÉE *amère améliorée*, *fine d'Italie*, *frisée de Meaux*, *frisée de Picpus et mousse* ;

CONCOMBRE *Man of Kent*, *vert long*, *blanc hâtif et hâtif de Hollande* ;

COURGE *à la moelle*, *des Patagons*, *sucrière du Brésil*, *de l'Ohio*, *de Valparaiso*, *Potiron d'Espagne et Giraumon Turban* ;

ÉCHALOTTE *de Jersey* ;

ÉPINARD *d'Esquermes*, *de Gaudry*, *de Flandre et blond à feuilles d'oseille* ;

LAITUE *Chou de Naples*, *hâtive de Simpson*, *romaine à feuilles d'artichaut et romaine améliorée* ;

NAVET *de Finlande*, *Boule d'Or*, *de Petrosowodsk*, *de Robertson's*, *de Freneuse*, *de Claire-Fontaine et de Chirouble* ;

OGNON *jaune de Dauvers*, *Paille ou Suisse* ;

OSEILLE *de Fervent et de Belleville* ;

PANAIS *rond* ;

PERSIL *de Windsor* ;

POIRÉE *à carde frisée et à carde blanche* ;

POIREAU *de Nîmes*, *de Musselbourg et de Rouen* ;

QUINOA *blanc* ;

RADIS *rose*, *violet et blanc de la Chine* ;

RAVE (PETITE) *Radis rose*, *blanc*, *violet rond hâtif et demi-long rose de Dégauchez* ;

TOMATE *jaune grosse*, *à feuille crispée et naine hâtive*.

FIN.

# TABLE DES MATIÈRES.

## PREMIÈRE PARTIE.



## DEUXIÈME PARTIE.

FIN DE LA TABLE.

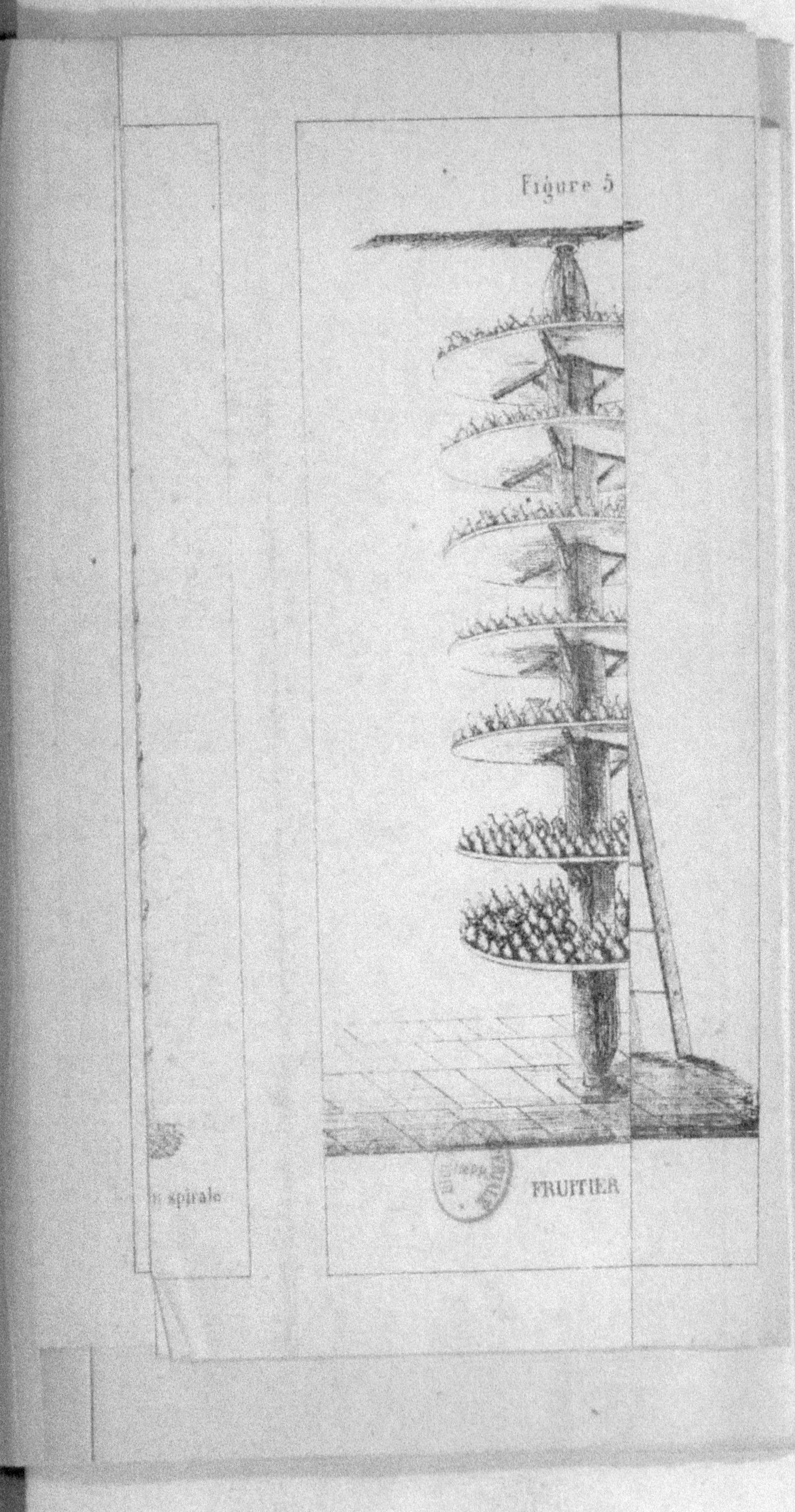

Figure 5
FRUITIER
n spirale

# PLANTES POTAGÈRES.

plantes annuelles sont difficiles ... à germer.

On cultive plusieurs espèces dans le même but; le Dol. lignosus est de serre.

Il faut semer les graines après la récolte; il est rare de les voir germer un an
la plante peut se multiplier de boutures.

Cette plante, dont le feuillage pique comme celui de l'Ortie, n'est pas d'un
mérite.

Les Ficoïdes glabre et glaciale se plaisent dans les sols très secs, très
La Glaciale n'est remarquable que par son feuillage qui se couvre de
ttes cristallisées.

Liste des Plantes d'ornement de pleine terre et de serre qui se reproduisent facilement par semis.

# OBSERVATIONS.

er immédiatement après la récolte; la graine conserve peu de temps ses
propriétés.

plantes sont d'une conservation difficile; elles se plaisent dans les rocailles
et terre de bruyère; il leur faut un air vif.

a sème immédiatement après la récolte, on obtient peu de fleurs doubles;
deux ans donne rarement des fleurs simples. C'est une erreur de croire
nes graines se récoltent sur les sujets à fleurs simples, plantés à côté des
rs doubles.

r les jeunes bulbilles dans du sable sec pendant l'hiver; ne les livrer à la
que lorsqu'ils sont forts; rentrer l'hiver et tenir au sec.

plante est délicieuse pour la confection des bouquets; elle est d'une
antesse.

plante, livrée à la pleine terre, forme des massifs toujours couverts de
ux suaves; on en conserve en pots qu'on hiverne en serre tempérée.

une plant qu'on rentre l'hiver aime le jour et craint l'humide.

magnifique plante ne semble pas être délicate, mais ses graines germent
. Il sera peut-être bon d'essayer quelque semis après la récolte.

eur de cette plante est très belle; le feuillage est remarquable, mais il ne
toucher.

infiniment préférable de semer les Lupins annuelles en place que de les

graines des *Martynia*, particulièrement celles du *lutea*, ont besoin de
dant quelques heures dans une eau imprégnée d'acide oxalique, un
ur un demi-verre d'eau. Laisser les graines dans les fruits jusqu'au moment
a graine en vaut mieux.

er les graines qui sont fort fines sur le sol; faire la récolte lorsque le fruit

Liste des Plantes d'ornement de pleine terre et de serre qui se reproduisent facilement par semis. *(Suite.)*

| NOMS DES PLANTES ET FLEURS | NOMS VULGAIRES (vernaculaires) | MANIÈRE DE SEMER | MANIÈRE DE REPIQUER | SOL CONVENABLE | EXPOSITION CONVENABLE | HAUTEUR ET DURÉE | ÉPOQUE DE LA FLORAISON | COULEUR DES FLEURS | AUTRE | USAGES | OBSERVATIONS |
| --- | --- | --- | --- | --- | --- | --- | --- | --- | --- | --- | --- |
| [illegible] | [illegible] | [illegible] | [illegible] | [illegible] | [illegible] | [illegible] | [illegible] | [illegible] | [illegible] | [illegible] | [illegible] |